辐射环境检测技术

谢 华 ◎著

中国原子能出版社

图书在版编目（CIP）数据

辐射环境检测技术 / 谢华著. —北京：中国原子
能出版社，2023.7
　ISBN 978-7-5221-2890-0

　Ⅰ. ①辐… 　Ⅱ. ①谢… 　Ⅲ. ①辐射监测 　Ⅳ.
①X837

　中国国家版本馆 CIP 数据核字（2023）第 154498 号

辐射环境检测技术

出版发行	中国原子能出版社（北京市海淀区阜成路 43 号　100048）
策划编辑	刘东鹏
责任编辑	张　磊
责任校对	冯莲凤
责任印制	赵　明
印　　刷	北京九州迅驰传媒文化有限公司
经　　销	全国新华书店
开　　本	787 mm×1092 mm　1/16
印　　张	12.5
字　　数	230 千字
版　　次	2024 年 5 月第 1 版　2024 年 5 月第 1 次印刷
书　　号	ISBN 978-7-5221-2890-0　　　　定　价　**58.00 元**

网址：**http://www.aep.com.cn**　　　　E-mail：**atomep123@126.com**
发行电话：**010-68452845**　　　　　　　版权所有　侵权必究

前　言

　　随着我国经济和技术的不断发展，核技术应用、能源和移动通信等新技术正在得到越来越广泛的应用。这些新技术应用的领域、深度和广度是前所未有的，同时我国也是当今世界上的核大国之一；与此同时，公众对辐射环境的关注也在不断增强。因此，国家各级生态环境部门非常重视核安全与放射性污染防治工作。党的十八大以来，以习近平同志为核心的党中央提出理性、协调、并进的中国核安全观，并将核安全纳入国家总体安全体系，写入《中华人民共和国国家安全法》，进一步明确了核安全与放射性污染防治工作的战略定位和重大任务。

　　我国的辐射环境监测工作起步于 20 世纪 80 年代，经过四十多年的发展，已建立健全了由国家、省级、部分地市级组成的三级政府监督与监测机构，建立起了一支支具有高水平和完善监督能力的应急监测队伍。全国辐射环境监测网络是以环境保护部（国家核安全局）为中心，以各省辐射环境监测机构为主体，涵盖部分地市级辐射监测机构的监测网络。在此基础上，国家各企事业单位、科研机构以及民营企业也建成了数量众多的拥有辐射环境监测能力的第三方检测机构。随之而来的就是对专业检测服务和高水平监测人才的大量需求。据不完全统计，仅在四川省，辐射环境检测以及相关服务的从业人员已超过万人。

　　西南科技大学国防科技学院是为贯彻落实党中央、国务院西部大开发战略和建设绵阳科技城的重大决策而设立的，该学院旨在适应西部地区国防科技工业发展和现代化需要，整合学校在国防科技学科专业、实验室及其他国防科技资源方面的优势，从而形成一个新型的学院。学院由四川省人民政府和国家国防科技工业局共建。在本科教学方面，学院现拥有核工程与核技术、辐射防护与核安全以及核化工与核燃料工程三个本科专业方向。一直以来，学院均采取理论与实践相结合的教学方式，在日常教学中非常重视学生们的动手实践能力。为此，学院投入了大量的人力、物力和财力建设核辐射探测基础实验室和配套相应的辐射环境检测分析设备。同时，为核工程与核技术、辐射防护与核安全两个方向的本科学生开设了辐射环境检测实践课程。为了确保该课程的教学质量，并使学生能通过此课程深入理解和掌握辐射环境项目的检测，为其毕业后的就业和进一步研究等提供一个扎实的基础。学院联合了绵阳市辐射环境监测站、成都理工大学工程技术学院核能系、四川致胜创科环境监测有限公司等几个专业单位的辐射环境检测专家和教授，经过不断实验和总结，结合生态环境管理部门和社会第三方检测机构的实际工作经验，编写了这一本辐射环境检测实验教材。

本实验教材旨在通过实际操作，帮助学员按照辐射环境检测要求完成相应检测项目的实验前准备、现场检测、实验结束后的数据处理以及相关报告的撰写工作。目前存在的辐射环境检测指导材料都是根据各实验室或第三方检测机构的实际情况（人、机、料、法、环、测六要素）对国家、行业、地方的政策、法规、标准、管理守则等进行研究和解读，并结合自身的经验总结出的作业指导和操作规范。缺乏具有普适性的详细操作指导教材。因此，编写本教材旨在满足本学科学生以及辐射环境检测人员在实验教学和岗前培训的需要。

本实验教材依据国家相关标准和准则，对 X-γ 辐射剂量率、中子周围剂量当量率、空气氡浓度、α、β 表面污染、射频综合电场、工频电磁场和工频磁感应强度笔、水中总 α、水中总 β 放射性和环境介质 γ 核素等实验科目进行详细介绍，包含实验目的、原理、所需仪器材料、环境条件、实验过程、结果计算以及评价方法等方面的内容。本教材从学生的角度出发，重点对实验过程进行分解和归纳，结合实际，将国家标准中没有明确的内容进行细化和补充，提升了实验的可操作性。教程中附了大量实验过程图片，使实验更加生动直观、通俗易懂。实验人员通过本实验教材的学习，能够掌握实验操作方法、了解数据的处理及实验室监测报告的编制，达到能自主完成实验的目的。

实验教材是整个编组人员不断实验和总结的结果。然而，由于我们个人所学知识和工作经历的有限，难免出现错谬或不通之处。子曰，三人行，必有我师焉。敬邀各位专家和经验丰富的专业人员对我们的图书进行批评指正。师者，传道授业解惑也。编者也希望所写的教材能够在各位专家和读者的指导下，为学生和对该领域感兴趣的人提供帮助和指导。

编　者

2022 年 12 月

目　录

一、环境 X-γ 辐射剂量率检测实验

1.1 实验目的

基于国家相关标准，使用 X-γ 剂量率仪对环境中 X-γ 辐射剂量率进行检测实验，使学生通过本实验，能基本了解本实验所涉及的标准和准则，掌握现阶段探测技术水平下环境中 X-γ 辐射剂量率的检测全过程；了解数据的处理以及环境中 X-γ 辐射剂量率监测报告的编制。

1.2 实验原理

根据电离辐射与物质的相互作用，通过将辐射剂量率仪置于待测环境中，当 X-γ 射线进入闪烁体时，在某一地点产生次级电子，其使闪烁体分子电离和激发，退激时发出大量光子。一般的光谱范围从可见光到紫外光，并且光子向四面八方发射出去。在闪烁体周围一般会包以反射物质（俗称暗盒），其中对应光电倍增管的一面需要透光，这样使得退激光子集中向光电倍增管方向射去。光电倍增管是由光阴极、若干个打拿极和一个阳极组成的真空器件。光阴极前有一个由玻璃或者石英制成的窗，整个器件的外壳为玻璃，各个电极是通过针脚引出的。通过高压电源和分压电阻，使阳极与各个打拿极以及阴极之间建立从高到低的电位分布。闪烁光子入射到光阴极上时，由于光电效应会产生光电子，这些光电子容易受到极间电场加速和聚焦，打在第一个打拿极上，产生 3～6 个二次电子。这些二次电子在以后各级打拿极上又发生同样的倍增过程，直到最后，在阳极上可接收到 10^4～10^9 个电子。阳极上接收到的电子会在阳极负载上建立起电信号（通常为电流脉冲或电压脉冲），然后通过起阻抗匹配作用的射极跟踪器，由电缆将信号传输到电子学分析端，再通过系列 I-F 变换，把电流或电压脉冲信号变换成计数频率。通过换算，获得被测环境中 X-γ 辐射剂量率值（如图 1-1 所示）。

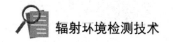

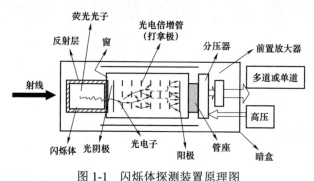

图 1-1　闪烁体探测装置原理图

1.3　适用范围

本实验适用于测定核设施、放射源和其他辐射装置附近环境地表的 X-γ 辐射剂量率，也适用于其他环境地表 X-γ 辐射剂量率的测定。

1.4　实验人员

（1）检测人员

负责按照本细则对受试设备或受试场地环境的 X-γ 辐射剂量率进行检测。现场检测工作需有两名及以上人员才能进行。

（2）指导人员

除去现场检测人员，如有必要，可增加一名熟悉检测流程和相关标准法规的核查人员对检测过程进行全程监督，负责对人员操作是否符合规范以及检测结果数据是否准确进行核查。

1.5　实验设备

本实验选用中核控制系统工程有限公司生产的 BH3103B 型便携式 X-γ 剂量率仪。该便携式 X-γ 剂量率主要用于环境辐射 X-γ 空气吸收剂量率、各种建筑材料的放射性、工业放射性辐射、X-γ 辐射源工作场所的剂量率、X 光机周围的剂量率、核电站、地质矿山，医疗卫生等部门的辐射监测等。

BH3103B 型便携式 X-γ 剂量率仪由主机、塑闪探头、五芯电缆、三脚架等组成。该仪器工作灵敏度高，能量响应及角响应好，测量量程宽，宇宙射线响应好，采用充电电池供电，重量轻，便于携带。仪器采用 LCD 大屏幕液晶显示，中文菜单提示操作，通过设置测量参数可实现自动化测量，系统具有实时时钟、断电数据保存、电池电量不足报警、剂量率超阈报警、数据查询、打印等功能。

1.5.1　实验设备技术指标

能量响应：指示值的变化范围±15%（25 keV～3 MeV）

宇宙射线响应：±15%（相对于 RS-111 电离室）

量程范围：$1～1×10^{-4}$ Gy/h

固有误差：≤±10%

角响应：≤±15%（^{137}Cs 源 0°～150° 相对于最大响应数值）

长期稳定性：≤±7%（连续工作 8 h）

温度变化范围：≤±30%（-10～+40 ℃）

外形尺寸：探头直径 90 mm×300 mm；操作台 200 mm×155 mm×60 mm

重量：约 2.2 kg

1.5.2　实验设备基本原理

BH3103B 型便携式 X-γ 剂量率仪主要由探头和操作台组成，采用一根五芯的电缆线将两部分连接。探头包括闪烁体、光电倍增管和 I-F 变换器；操作台由单片机数据采集系统及处理系统、LCD 显示器、键盘、串行口、高低压电源等组成。

当 X-γ 射线打在闪烁体上，与之发生相互作用，闪烁体吸收射线能量，原子、分子电离和激发，受激原子、分子退激时发射荧光光子，利用反射物和光导将闪烁光子尽可能多地收集到光电倍增管的光阴极上。由于光电效应，光子在光阴极上击出光电子。光电子在光电倍增管中倍增，电子流在阳极负载上产生电信号。再通过 I-F 变换器把电流信号变成计数频率，数据采集器在单片机处理系统中完成吸收剂量大小显示、报警及数据传输储存、打印等功能。仪器工作原理方框图和软件功能框图如图 1-2 和图 1-3 所示。

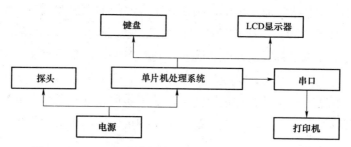

图 1-2　BH3103B 便携式 X-γ 剂量率仪工作原理方框图

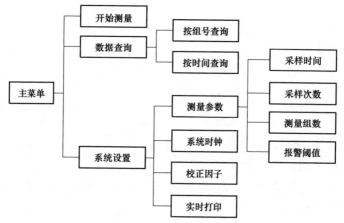

图 1-3　BH3103B 便携式 X-γ 剂量率仪软件控制流程图

1.6　方法依据

1.《辐射环境监测技术规范》（HJ 61-2021）。
2.《环境 γ 辐射剂量率测量技术规范》（HJ 1157-2021）。

1.7　实验流程

1.7.1　检测实验环境条件要求

室外开放环境 X-γ 辐射剂量率检测实验需要注意实验环境，测量应在无雨雪、无雷电天气、工作温度–10～40 ℃、环境湿度≤90%时进行。

1.7.2 检测实验前准备

设备准备：实验检测前先准备好仪器，将仪器与附件一一清点，确保无误，电池应充足电，开机检查设备运行正常。

信息收集：实验检测前需对本次实验的环境信息、辐射源信息等进行收集，确定检测性质。

制定检测计划：现场检测计划的点位布设的宗旨是充分考虑辐射源对周围环境中职业人员和公众人员的影响。目前常见的环境 X-γ 辐射剂量率检测对象主要包括区域内的环境 X-γ 辐射本底调查实验、放射性物质操作场所或放射源以及射线装置的辐射环境检测实验两大类。

1. 区域内的环境 X-γ 辐射本底调查实验

手持或把探头固定在专用三脚架上，如图 1-4 所示。保证探头中心距架设地面约 1 m 高，设定采样时间为 180 s，每个测量地点测试 10 次并记录。全国性或一定区域内的环境 γ 辐射水平调查，测量开始前，应在点位外围 10 m×10 m 范围内巡测，确定巡测读数值变化＜30%后方能开始测量（如果有确定的现场布点方案，则可直接根据该布点方案对所有的监测点位进行布设）。当测量结果用于 γ 辐射致儿童有效剂量评估时，应在 0.5 m 高度进行测量。所有读取的数据抄填进相应的原始记录表格中。最终数据取 10 次数据平均值。

图 1-4　使用三脚架进行检测

对特定的某个核技术应用设施或设备的场所进行环境 X-γ 辐射本底调查时，需要根据现场实际情况进行检测点位的布设。实际的检测点位规划，可根据现场各功能区的划分情况，在拟安装或使用辐射源的场所四周以及楼上、楼下（如有）的所有敏感区域分别进行点位布设；如现场各功能区的土建已经完成，则需在门窗、操作位置、线缆孔等位置布设检测点位，如图 1-5 所示。

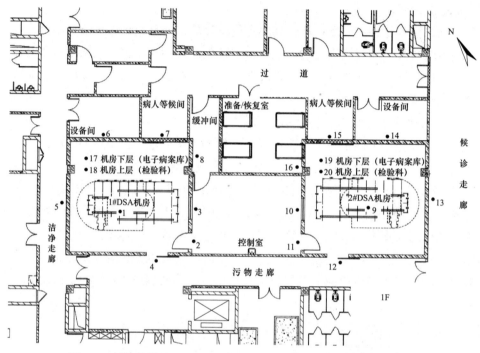

图 1-5　射线装置（DSN）辐射环境环评现状调查检测布点示例图

在进行环境 γ 辐射剂量率测量并且评价时，应扣除实验仪器对宇宙射线的响应部分，不扣除时应注明。不同的检测仪器对宇宙射线的响应值也不同，检测仪器对宇宙射线的响应值可在水深大于 3 m、距岸边大于 1 km 的淡水水面上进行测量。测量时检测仪器应放置于对读数干扰小的木制、玻璃钢或橡胶船体上，船体内不能有压舱石。测量仪器的宇宙射线响应及其自身本底时，在读数间隔为 15 s 时应至少读取或选取 50～100 个读数，也可选取仪器自动给出的平均值，但要求读数平均值时仪器的统计涨落小于 1%。

2. 放射性物质操作场所或放射源的辐射环境检测实验

手持检测设备，根据测量位置的不同，选取不同的测量高度，测量位置为距离被测对象表面或场界约 30 cm 处，设定采样时间为 15 s，每个测量地点测并记录 10 个有效数据。所有读取的数据抄填进相应的原始记录表格中。最终数据取 10 个数据的平均值。

对于 X 射线装置的辐射环境检测实验，应在射线装置曝光与不曝光两种情况下分别测量。可手持检测设备，根据测量位置的不同，选取不同的测量高度，测量位置为距离被测对象表面或场界约 30 cm 处，设定采样时间为 15 s，每个测量地点测试并记录 10 个有效数据。所有读取的数据抄填进相应的原始记录表格中。最终数据取 10 个数据的平均值。

针对一体化防护辐射源，需要在辐射源的防护设施（铅室或铅柜）的四周和顶部距防护设施（铅室或铅柜）表面约 30 cm 处以及职业人员常规操作位的胸部高度进行布点，如防护设施（铅室或铅柜）设有观察窗，需在距该观察窗表面约 30 cm 处增加检测点位。对于非密封性放射性物质的操作场所，需要在人员操作位、通风橱表面、放射性物质暂存箱、地面等位置布设检测点位。同时在该一体化防护辐射源的房间或非密封性放射性物质的操作场所的四周以及楼上、楼下（如有）公众人员可达的地方布设点位，如在房间和场所的四周存在门窗，则在该方向点位应选择布设在距门窗表面约 30 cm 处位置，如图 1-6 所示。

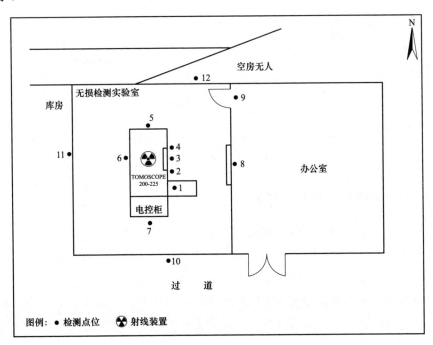

图 1-6　一体化防护辐射源检测布点示例图

没有一体化防护设施的辐射源的使用场所一般会对其墙体、楼板以及门窗有专门的防辐射处理（墙体和楼板有防辐射涂层或覆盖物，门窗则采用铅皮或铅玻璃对射线进行防护）。布点检测时需考虑四周墙体、楼板以及铅门铅窗的防护是否合格而分别设置检测点位。如果铅门和铅窗面积较大，可在铅门和铅窗处适当增加检测点位（以左、右、中、下缝区别）。使用 X 射线装置的场所一般设有通风口用于排出 X 射线电离空气产生的臭氧，因此在通风口处应设置检测点位，如图 1-7 所示。

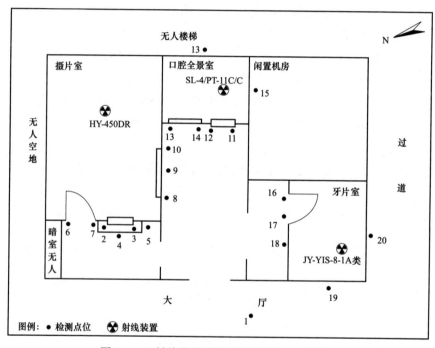

图 1-7　X 射线装置或放射源检测布点示例图

1.7.3　操作步骤和记录观察结果

根据现场实际情况，以及实验检测要求等因素，制定出现场检测方案和现场检测布点方案，对预期的现场检测实验进行前期计划。现场检测点位布设的宗旨是充分考虑辐射源对周围环境中职业人员和公众人员的影响。

将探头连接信号线并接到主机，打开剂量率仪主机，预热 1 min 以上即可进入正式测量。设置相关试验参数后开始正式测量，并现场记录仪器实时读数等，如图 1-8 所示。

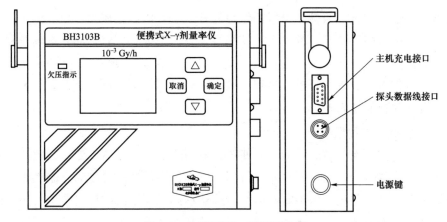

图 1-8　仪器正面、侧面示意图

1.7.4　仪器的具体操作规程

开机前的检查：剂量率仪测使用前应先充满电，开机前应先检查仪器的外观是否正常。

连接探头：剂量率仪主要由操作台、探头和五芯电缆等组成。

测量前应先将三脚架支在所选定的测量点位，调节水平，使三脚架中心安放探头的位置垂直于测量点位的水平面。将五芯电缆一头与操作台连接，另一头连接探头，连接好后将探头放入三脚架中心安放探头处。

开机检查：安装完成后按下操作台的红色［开机］键，仪器开机自检，自检完毕后进入测量主页面，检查是否显示探头的连接信息。

操作方法：使用前阅读使用说明书，严格按照要求进行操作。将探头和主机连接好，注意电缆插头缺口的方向。面板功能：△键：光标上移；▽键：光标下移；［确定］键：确认选中的数据或步骤；［取消］键：删除当前的数据或步骤，退回到上一步。开机后，仪器需要预热 1 min 以上。

参数设置：测量前应该首先进行系统参数设置，包括设置测量参数、系统时钟、校正及实时打印四项功能。设置完成后系统将永久保存，移动光标到系统设置，按［确定］键进入系统设置子菜单。

（1）测量参数设置

把光标移动到设置测量参数，按［确定］键，进入设置测量参数子菜单。采样时间：每次测量时间，设置范围为 01～99 s，一般设置 5 s。采样次数：每组数据中重复采样的次数，设置范围为 01～99 次，一般设置 01 次。测量组数：

仪器一次性要测量的组数，设置的组数为01～250组。报警阈：仪表测量值超过设置的报警阈后蜂鸣器将发出连续报警声音。用上、下键移动光标到要设置的子项，按［确定］键选择设置数字位，用上、下键修改数字，完成后按［确定］键进行下一位数字设置。设置完成后一直按［取消］键直至退到主菜单，系统自动保存测量参数。

（2）系统时钟设置

本仪器内部设有实时时钟，即使在关机后仍然可以正常工作。因此，在第一次使用仪器时，需要调整时间和日期，以确保测量时能够自动存储准确的时间及日期信息。要进行调整时，需将光标移动到设置系统时钟选项上，按［确定］键进入调整菜单。接下来使用上下键选择要修改的项目，并按下［确定］键，用上下键修改具体数字，最后将光标移动到完成项，按［确定］键退出系统时钟设置，这样系统就会自动保存新设置的实时时钟。

（3）实时打印设置

当主机连接打印机时可以通过设置实现实时打印。每当测量一组数据时，打印机会立即打印出该组数据的测量结果，包括组号、测量值、测量日期及时间。要设置实时打印，可将光标移动到设置选项打印，按［确定］键，进入子菜单，用上、下键打开或关闭实时打印，一般设置为关闭（OFF）状态。

测量操作步骤：开启按钮开关后，屏幕主菜单显示：

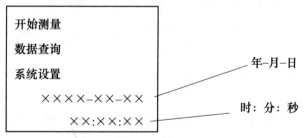

用上、下键移动光标至开始测量，按［确定］键，仪器按已经设置的模式自动测量。屏幕显示：

```
正在测量……

完成002/250组

剂量率：000 010.2

每组01次/02秒
```

每测量完一组数据，显示屏自动显示出该组数据的测量结果。测量结束后，有两种方式可以选择。① 按［取消］键，系统返回主菜单，移动光标至数据查询，用上、下移动键对测量的数据进行浏览。② 按［确定］键可对数据进行打印、删除等操作。测量过程中若需要临时停止，按［取消］键；当系统出现"结束采样？"的提示时，按［确定］键即可停止测量（连续按两次［确定］键也可以停止测量）。

测量数据管理：系统的测量结果自动保存到单片机的非易失存储器中，可方便对已测量的数据进行查阅和删除。在主菜单中用键盘的上下键移动光标选择数据查询，按［确定］键进入数据查询状态，仪器设有按组号查询和按时间查询两种方式。屏幕显示：

```
按组号查询

按时间查询
```

选择后，根据屏幕提示输入查询的条件（开始组号/时间、结束组号/时间），系统自动显示相应的数据，用上、下键可进行浏览，按［确定］键可对已经查阅的数据进行打印、删除等操作（注：删除数据时有一个光标在闪动，表示正在删除，完成删除需要等待几分钟）。

三脚架：本仪器配备有可伸缩三脚架，需要时，可将探头固定在支架云台上，调整伸缩支架将探头上的刻度线（测量高度）定在距架设地面约 1 m 处。

1.7.5 实验结束

当仪器处于开机状态时，按下主机开机键，仪器将立即关机。检查设备外表面是否有污染物，使用酒精棉将设备外表清洁干净，再将探头从主机上拆下并置于专用保护箱中，检查各零部件的完整性，如确定长期不再开机使用，则应将电池从主机中拆下存放。

1.7.6 检测记录和数据处理

X-γ 辐射剂量率测量时需做测量记录，所有实验的记录内容包括：项目名称及地点，点位名及点位描述，天气状况，温湿度，测量日期，测量仪器的名称、型号和编号，仪器的检定/校准因子、效率因子，读数值、测量值及其标准偏差，测量人、校核人及数据校核日期等。根据需要记录测量点位的地

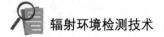

理信息，拍摄测量现场照片，必要时记录工况、海拔、经纬度、宇宙射线扣除等信息。

所有点位的数据通过算术平均取其 10 个测量数据的平均值为该点位的有效测量值。因该测量数据代表的是稳态电离辐射的强度，同一个点位的 10 个测量数据代表的是同一个点位的不同时间段的样本，因此使用标准偏差计算公示如下：

$$\sigma(r) = \sqrt{\frac{1}{N}\sum_{i=1}^{N}(x_i - r)^2} \qquad (1.1)$$

$$S = \sqrt{\frac{\sum(X_i - \bar{X})^2}{n-1}} \qquad (1.2)$$

在使用 Excel 对数据进行统计处理时，可使用 STDEV（XXX：XXX）公式对所有点位的 10 个测量数据的算术平均值的标准公差进行自动计算。

环境 γ 辐射空气吸收剂量率结果修正按照下列公式计算：

$$D_\gamma = k_1 \times k_2 \times R_\gamma - k_3 \times D_c \qquad (1.3)$$

式中：D_γ——测点处环境 γ 辐射空气吸收剂量率值，Gy/h；

k_1——仪器检定/校准因子；

k_2——仪器检验源效率因子 [$k_2 = A_0/A$（当 $0.9 \leqslant k_2 \leqslant 1.1$ 时，对结果进行修正；当 $k_2 < 0.9$ 或 $k_2 > 1.1$ 时，应对仪器进行检修，并重新检定/校准），其中 A_0、A 分别是检定/校准时和测量当天仪器对同一检验源的净响应值（需考虑检验源衰变校正）；如仪器无检验源，该值取 1]；

R_γ——仪器测量读数值均值（空气比释动能和周围剂量当量的换算系数参照 JJG 393，使用 ^{137}Cs 和 ^{60}Co 作为检定/校准参考辐射源时，换算系数分别取 1.20 Sv/Gy 和 1.16 Sv/Gy），Gy/h；

k_3——建筑物对宇宙射线的屏蔽修正因子，楼房取 0.8，平房取 0.9，原野、道路取 1；

D_c——测点处宇宙射线响应值（由于测点处海拔高度和经纬度与宇宙射线响应测量所在淡水水面不同，需要对仪器在测点处对宇宙射线的响应值进行修正，具体计算和修正方法参照 HJ 61-2021），Gy/h。

在进行 X-γ 辐射剂量率测量时需扣除仪表对宇宙射线的响应部分。不同仪表对宇宙射线的响应不同，可根据理论计算，或在水深大于 3 m、距岸边大于 1 km 的淡水面上与对宇宙射线响应已知的仪表比较得出。

环境地表 X-γ 辐射剂量率水平与地下水位、土壤中水分、降雨的影响、冰雪的覆盖、放射性物质的地面沉降、射气的析出和扩散与植被的关系等环境因素有关，测量时应注意其影响。

1.8　出具结果报告

依据现场检测结果和最终的布点方案，按既定的报告格式出具相应的检测报告。

1.9　注意事项

1.9.1　操作注意事项

a）禁止打开探头，因为设备为大晶体塑料闪烁体，如果探头曝光，则会导致检测结果偏高。

b）用五芯电缆连接操作台和探头时，注意轻稳，避免损坏接口；设备的探头连接线为专用数据传输线，并无防拉扯设计，禁止用力拉扯探头连接线，禁止弯折接头附近连接线。

c）注意安装、取下探头时，要握住探头，缓慢旋转安装、取下探头。避免损坏探头。

d）设备探头内置玻璃材质元器件和精密电子元器件，禁止磕碰。

e）检测前应确定三脚架固稳后再放置探头；严禁下水检测。

f）结束检测时应关闭电源，防止电池的功率消耗。

1.9.2　安全环保注意事项

a）禁止仪器及其配件直接与辐射物质接触，否则会导致测量值偏高，应把仪器装入保护套内保管。

b）在检测过程中，禁止无关人员进入检测场所，一旦出现检测数值异常情况，所有检测人员需立即退出至安全区，并第一时间通知实验指导老师，确保人员安全。

c）现场检测过程中禁止随意丢弃垃圾，保护检测环境。

1.10 质量保证

1. 定期进行比对实验或送至有资质的检定机构进行校准或检定，以确保设备检测结果的准确性。

2. 数据修约：参考《中华人民共和国国家标准数值修约规则》GB/T 8170-2008。

3. 不确定度的评定：本实验选取扩展不确定度 $U(k=2)\leqslant 15\%$。

1.11 实验案例

本次实验指导书以西南科技大学国防科技学院储源库的环境 X-γ 辐射剂量率检测作为案例进行介绍（图 1-9）。

图 1-9 现场气象条件检测

1.11.1 实验准备阶段

环境条件：检测当天无雨、无雪、无雾，通过温湿度测量仪检测环境相对湿度为 68%，温度为 18.5 ℃，可以开展检测实验。

　　设备准备：实验设备包含 BH3103B 便携式 X-γ 剂量率仪、Kestrel4500 温湿度计，设备在检定有效期内，电量充足，检查仪器外观和功能，均未见异常。

　　信息收集：检测人员通过现场勘察以及向放射源储源库管理人员咨询，获取储源库的基本信息、环境信息、敏感点信息，记录在检测原始记录表中。

　　制定检测方案：根据现场实际情况，以及实验检测要求制定出检测方案。

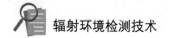

放射源储源库周围环境辐射剂量率检测方案

本次检测项目及执行标准见表 1-1。

表 1-1　检测项目及执行标准

检测类别	检测内容	检测点位	检测项目	检测频次
电离辐射	放射源储源库 （共 5 个点）	周围环境敏感点	X-γ 辐射剂量率	检测 1 天，每点检测 1 次， 每次检测 10 个数据
检测规范及评价标准	检测规范： 《环境 γ 辐射剂量率测量技术规范》（HJ 1157-2021） 《辐射环境监测技术规范》（HJ 61-2021） 评价标准： 《电离辐射防护与辐射源安全基本标准》（GB 18871-2002）			

本次检测项目现场布点见图 1-10。

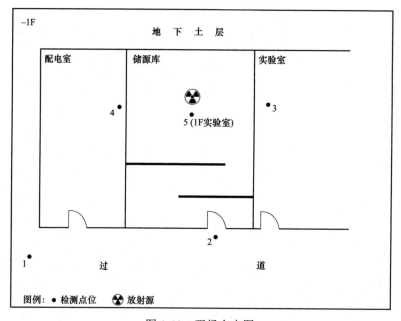

图 1-10　现场布点图

地址：西南科技大学国防科技学院实验楼

编制：陈小平　　　　　审核：陈遥

日期：2022 年 11 月 04 日

1.11.2 现场检测过程

图 1-11 现场检测过程

（a）设备开机检查；（b）1 号点位环境背景值检测；（c）2 号点位源库大门检测；

（d）3 号点位 – 1F 实验室检测；（e）4 号点位 – 1F 配电室检测；

（f）5 号点位 1F 实验室检测

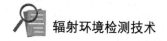

1.11.3　现场检测记录表

地点：<u>西南科技大学国防科技学院实验楼</u>　仪器状态：<u>符合</u>　仪器名称及型号：<u>便携式 X-γ 剂量率仪 BH3103B</u>　测量日期时间：<u>2022</u> 年 <u>11</u> 月 <u>05</u> 日
环境温度：<u>18.5</u> ℃　相对湿度：<u>68%</u>　风速：<u>0</u> m/s　天气：<u>阴</u>　其他：<u>委托检测</u>

共　页　第　页

序号	点位名	测量值/（μSv/h）										结果/（μSv/h）	
		1	2	3	4	5	6	7	8	9	10	平均值（$\bar{X}$）	标准差（σ）
1	环境背景值	0.116	0.122	0.121	0.118	0.115	0.113	0.119	0.122	0.119	0.125	0.125	0.004
2	储源库大门（距门 30 cm）	0.104	0.102	0.101	0.103	0.102	0.101	0.100	0.101	0.100	0.102	0.107	0.001
3	−1F 实验室（距墙 30 cm）	0.103	0.104	0.103	0.102	0.101	0.101	0.100	0.101	0.102	0.103	0.107	0.001
4	−1F 配电室（距墙 30 cm）	0.103	0.105	0.106	0.106	0.105	0.106	0.107	0.108	0.110	0.109	0.112	0.002
5	1F 实验室（距地 100 cm）	0.131	0.131	0.132	0.131	0.132	0.132	0.132	0.132	0.131	0.132	0.138	0.001

备注（说明）：表格中数据经过单位换算，换算依据为"本次实验所用仪器的检定/校准时使用 ^{137}Cs 作为检定/校准参考辐射源。根据《环境 γ 辐射剂量率测量技术规范》（HJ 1157-2021）中 5.5，使用 ^{137}Cs 作为检定/校准参考辐射源时，换算系数取 1.20 Sv/Gy。"

平均值（$\bar{X}$）＝测量平均值（$\bar{X}_{测} = \dfrac{\sum\limits_{i=1}^{n} X_i}{n}$）×校准系数（$C_F = 1.05$）

标准差（σ）$= \sqrt{\dfrac{\sum\limits_{i=1}^{n}(X_i - \bar{X})^2}{n}}$

检测工况表

序号	核素名称	放射源编号	管理类别	出厂活度	所在位置
1	^{85}Kr	CZ20KR008405	V	7.4×10^8 Bq	放射源储源库
2	^{252}Cf	US21CF004344	IV	3.8×10^8 Bq	放射源储源库
3	^{252}Cf	US21CF004354	IV	3.8×10^8 Bq	放射源储源库
4	^{241}Am	CZ20AM007623	V	3.7×10^8 Bq	放射源储源库

年曝光（操作）时间：100 h

测量计算：陈小江　　　　　　　审核：陈遥　　　　　　　负责人：谢华

1.11.4 检测结果报告

检 测 报 告

报告编号：FHJC2022001 号

项目名称：　放射源储源库周围环境辐射剂量率检测

委 托 方：　西南科技大学国防科技学院教材编制委员会

检测类别：　　　　　　委托检测

报告日期：　　　　年　　月　　日

（盖　章）

1. 检测内容

实验小组根据《放射源储源库周围环境辐射剂量率检测方案》，于 2022 年 11 月 5 日对西南科技大学国防学院储源库进行检测，见表 1-2。

表 1-2　项目检测对象及检测环境条件

序号	核素名称	放射源编号	管理类别	出厂活度	所在位置
1	^{85}Kr	CZ20KR008405	V	7.4×10^8 Bq	放射源储源库
2	^{252}Cf	US21CF004344	IV	3.8×10^8 Bq	放射源储源库
3	^{252}Cf	US21CF004354	IV	3.8×10^8 Bq	放射源储源库
4	^{241}Am	CZ20AM007623	V	3.7×10^8 Bq	放射源储源库

地址：西南科技大学国防科技学院实验楼
温度：18.5 ℃；相对湿度：68%；天气：阴；风速：0 m/s

2. 检测项目

检测项目内容及检测规范见表 1-3。

表 1-3　项目检测内容及检测规范

检测类别	检测项目	检测规范	标准编号
电离辐射	X-γ 辐射剂量率	《环境 γ 辐射剂量率测量技术规范》	HJ 1157-2021
		《辐射环境监测技术规范》	HJ 61-2021

3. 检测方法及方法来源

本次检测项目的检测方法、方法来源、使用仪器见表 1-4。

表 1-4　检测方法、方法来源、使用仪器

项目	检测方法	方法来源	使用仪器
X-γ 辐射剂量率	《环境 γ 辐射剂量率测量技术规范》	HJ 1157-2021	名称：便携式 X-γ 剂量率仪 型号：BH3103B 编号：42 号 校准因子：1.05
	《辐射环境监测技术规范》	HJ 61-2021	

4. 检测结果评价标准

本次检测结果评价标准见表 1-5。

表 1-5　检测结果评价标准

评价项目	评价标准	
	《电离辐射防护与辐射源安全基本标准》（GB 18871-2002）	
剂量限值	职业照射	公众照射
	20 mSv/a	1 mSv/a

5. 检测结果及评价

本次检测项目的点位信息及结果见表 1-6。

表 1-6　检测结果　　　　　　　　　单位：μSv/h

点位号	检测位置	X-γ 辐射剂量率		备注
		平均值	标准差	
1	环境背景值	0.125	0.004	
2	储源库大门（距门 30 cm）	0.107	0.001	
3	−1F 实验室（距墙 30 cm）	0.107	0.001	—
4	−1F 配电室（距墙 30 cm）	0.112	0.002	
5	1F 实验室（距地 100 cm）	0.138	0.001	

注：1. 以上数据均未扣除环境背景值。2. 检测布点图见附图。

本次检测项目现场布点见图 1-12。

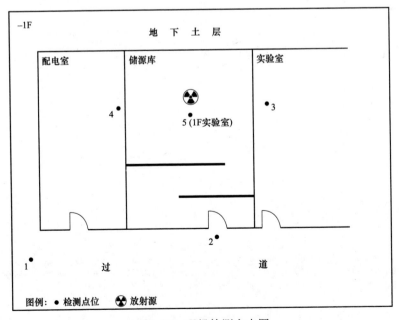

图 1-12　现场检测布点图

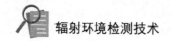

　　根据西南科技大学国防科技学院确认的放射源使用状况说明（年有效照射时间 1 200 小时），实验室正常运行时，所致职业人员的年有效剂量最大值及公众（其他人员）年有效剂量最大值（职业人员居留因子取 1，公众居留因子取 1/4）均低于《电离辐射防护与辐射源安全基本标准》（GB 18871-2002）规定的职业人员 20 mSv/a 和公众 1 mSv/a 的剂量限值。

<u>　　　　　　　　　　　　　以下空白　　　　　　　　　　　　　</u>

报告　编制：陈小江　　　　　　报告复核：陈遥

实验负责人：谢华　　　　　　　日　　期：2022 年 11 月 25 日

1.12　检测实验数据记录表格及现场布点图表格

1.12.1　检测实验数据记录表格

地点：_____　仪器状态：_____　仪器名称及型号：_____　测量日期时间：_____年__月__日　环境温度：____℃
相对湿度：____%　风速：____ m/s 天气：____　其他：_____

共 页 第 页

| 序号 | 点位名 | 测量值/（μSv/h） | | | | | | | | | | 结果/（μSv/h） | |
		1	2	3	4	5	6	7	8	9	10	平均值（$\bar{X}$）	标准差（σ）

备注（说明）：

平均值（$\bar{X}$）=测量平均值（$\bar{X}_{测} = \dfrac{\sum_{i=1}^{n} X_i}{n}$）× 校准系数（$C_F=$　）

标准差（σ）= $\sqrt{\dfrac{\sum_{i=1}^{n}(X_i - \bar{X})^2}{n}}$

测量计算：　　　　　　　　　审核：　　　　　　　　　负责人：

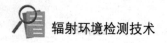

1.12.2　现场布点图表格

项目名称：共　页　第　页

制图：　　　　　　　　　　　制图时间：　　　　　　　　　　　审核：

1.13 名词解释

本底调查：在新建设施投料（或装料）运行之前或在某项设施实践开始之前，对特定区域环境中已存在的辐射水平、环境介质中放射性核素的含量，以及为评价公众剂量所需的环境参数、社会状况所进行的全面调查。

环境检测方案：环境检测方案也称环境检测大纲，简称监测方案或检测大纲。是针对特定检测目标任务制定的指导和规范检测活动实施的计划性文件，方案内容主要包括采样布点、检测项目、检测频次和测量要求等。检测方案的制定应始终围绕检测目的。

环境 γ 辐射剂量率：测量点位周围物质中的天然放射性核素、人工放射性核素或射线装置发出的 X/γ 射线在测量点位空气中产生的吸收剂量率。

相对固有误差：在确定参考条件下，仪器对某一被测量在指定参考辐射下的指示值的相对误差。

1.14 思考与拓展

1. 在辐射环境检测、评价中，怎样选择探测点，即怎样合理进行布点？
2. 如何判断辐射环境检测、评价中测得数据合理性，并剔除不正常数据？
3. 环境辐射背景值有哪些产生途径？

二、α、β表面污染检测实验

2.1 实验目的

基于国家相关标准,使用α、β表面污染测量仪对环境中α、β表面污染进行检测实验。使学生通过本实验,能基本了解本实验所涉及到的标准和准则,掌握现阶段探测技术水平下α、β表面污染的检测全过程;了解数据的处理以及α、β表面污染检测报告的编制。

2.2 实验原理框图

将用于测量β射线的塑料闪烁物和用于测量α射线的ZnS(Ag)材料依次喷涂在有机玻璃板上,经特殊工艺制成。α闪烁物质在外层,β闪烁物质在内层。由于α粒子的射程短,当α粒子进入ZnS(Ag)材料时将全部能量损失在ZnS(Ag)材料上,引起闪烁发光,产生α信号。β粒子由于穿透能力较强,穿过ZnS(Ag)材料进入β塑料闪烁体,产生β信号。由于β闪烁材料半透明,α粒子的闪光能通过β闪烁材料进入光电倍增管,产生α信号。而β粒子穿过ZnS(Ag)材料进入β闪烁物质,产生β闪光,进入光电倍增管产生β信号,如图2-1所示。

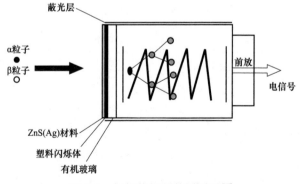

图 2-1　闪烁体探测装置原理图

2.3 适用范围

本细则适用于测定核设施和其他辐射场所 α、β 表面污染检测，也适用于其他环境条件下的 α、β 表面污染的测定。

2.4 实验人员

（1）检测人员

负责按照本细则对受试设备或受试场地 α、β 表面污染检测进行检测。现场检测工作须有二名及以上检测人员才能进行。

（2）指导人员

除去现场检测人员，如有必要，可增加一名熟悉检测流程和相关标准法规的核查人员对检测过程进行全程监督，负责对人员操作是否符合规范以及检测结果数据处理是否准确进行核查。

2.5 实验设备

本实验选用德国 SEA 公司生产的 CoMo170 型便携式 α、β 表面污染检测仪。该设备主要用于物体表面或者场所地面、墙面等的 α、β 表面污染的测量。

CoMo170 型便携式 α、β 表面污染检测仪为一体直读式表面沾污仪，测试效率高，经济实用，可同时测量 α 和 β，拥有 170 cm^2 的探测面积，测量效率极高。

2.5.1 实验设备技术指标

测量量程：α：0～5 000 cps；

　　　　　β：0～50 000 cps

探测器类型：ZnS 涂层、薄膜塑料闪烁体探测器

探测器尺寸：170 cm^2

本底：α：0.1 cps；β/γ 15～25 cps

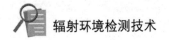

2.5.2 实验设备基本原理

仪器的线路工作原理方框图见图例 2-2。来自探测器的信号包括 α、β 和周围环境 γ 射线产生的本底 C，三种信号经过放大后分成两路，一路进入 α 道、一路进入 β 道。在 α 道中，阈值一般选在 2～5 V 之间，使 β 信号和低幅度的噪声信号很难通过，只有 α 粒子产生的较大幅度的信号可以通过，进入单片机控制系统，输出 α 信号。进入 β 道的 α、β 和 C 信号，经过窗甄别器，将大于 β_L〔下阈〕并小于 β_H（上阈）的信号及落在 β 道内的周围环境 γ 射线，经过成形进入单片机控制系统，输出 βγ 信号。α 道和 β 道输出信号，经单片机控制系统处理后给出结果。

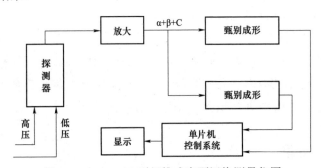

图 2-2　CoMo170 型便携式表面污染测量仪图

2.6　方法依据

1)《辐射环境监测技术规范》(HJ 61-2021)。
2)《表面污染测定第 1 部分：β 发射体（$E_{\beta max} > 0.15$ MeV）和 α 发射体》(GB/T 14056.1-2008)。

2.7　实验流程

2.7.1　检测实验环境条件要求

α、β 表面污染检测实验需要注意实验环境，测量应在无雨雪、无雷电天气（室外检测时），工作温度 −10～40 ℃、环境湿度≤90%时进行。

2.7.2 检测实验前准备

设备准备：实验检测前先准备好仪器，将仪器与附件一一点清，确保无误，电池应充足电，并开机检查设备运行正常。

信息收集：实验测量前需对本次实验的环境信息、辐射源信息（核素种类、日最大操作量和年最大操作量）等进行收集，确定检测性质。

制定检测计划：

现场检测计划的点位布设的宗旨是充分考虑辐射源对周围环境中职业人员和公众人员的影响。目前常见的 α、β 表面污染检测对象主要是对医院核医学科、放射药物生产及加工单位生产线等非密封放射性操作场所。现场检测布点设置需考虑操作人员或者病人有可能接触到的所有可能被污染的表面，如场所地面、台面、通风橱等。下面对此类常见的 α、β 表面污染检测实验做个简单介绍。

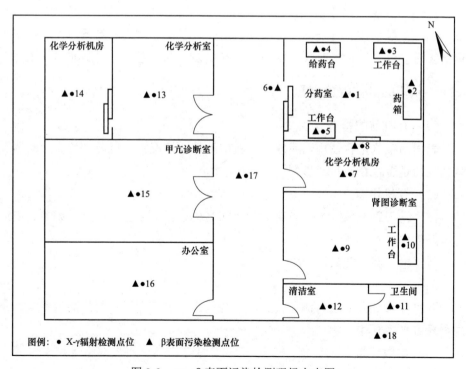

图 2-3　α、β 表面污染检测现场布点图

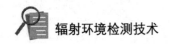

手持 α、β 表面污染检测仪，进入待检测场所之前对本底进行检测并记录。进入待测场所，根据前期信息收集的结果确定污染因子（α 或者 β，或者二者兼有），根据检测因子不同选用不同的测量距离。其中 α 污染检测距离为探头距被测表面 5 mm；β 污染检测距离为探头距被测表面 10 mm。α 和 β 需分别进行检测并记录。在分别检测 α 和 β 时需确保检测位置的一致性。检测时可选择配套的有距离刻度的探头支架进行配合以确定检测距离。检测时每隔 20 s 读取一个数据，每个检测点位读取 5 个有效数据。在进行 α、β 表面污染检测时，一般也需要进行环境 X-γ 辐射剂量率检测，α、β 表面污染检测和环境 X-γ 辐射剂量率检测需要确保处在同一位置进行检测。

2.7.3　操作步骤和记录观察结果

根据现场实际情况，以及实验检测要求等因素，制定现场检测方案和现场检测布点方案，对预期的现场检测实验进行前期计划。现场检测点位布设的宗旨是充分考虑辐射源对周围环境中职业人员和公众人员的影响。

打开 α、β 表面污染检测仪，预热 1 min 使数据平稳。将仪器设置成 α 和 β 测量模式，测量单位选择 cps，仪器设置完成后即可开始正式测量，并现场记录仪器实时读数等。检测时隔 20 s 读取一个数据，每个检测点位读取 5 个数据。

2.7.4　仪器的具体操作规程

（1）开机前的检查

表面污染测量仪使用前应检查设备电池使用情况，开机前细检查探测器灵敏体表面是否存在沾污或破损。

（2）开机检查

按"◉"键开机，显示屏会显示公司名称、仪器名称、仪器序列号、电池电压、软件版本。

按"⬒"键，背景灯开/关。

测量

开机后系统自动进入测量模式，系统默认上一次测量设置的测量参数。常规测量可直接开始。

（3）参数设置

按◤◥上移和下移键，激活核素选择子菜单。

按◉确认键，进入快捷菜单。

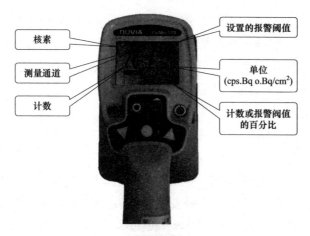

图 2-4　设备测量模式界面

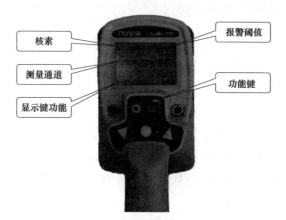

图 2-5　设备参数设置界面

在此菜单模式，选择 cps 模式，取下表面沾污仪保护盖，测量 α、β、γ 的 cps 计数。

（4）操作方法

α 检测：拆掉表面沾污仪探头保护盖，在进行检测前先巡测一周，确定具有代表性的检测点位。在选定测量点位位置不动，探测器表面距离被测物 5 mm，每 20 s 读取一个最大值，共读取 5 个数据，得到 α 的 cps 计数数据，在原始记录表中记录。

β 检测：拆掉表面沾污仪探头保护盖，在进行检测前先巡测一周，确定具有代表性的检测点位。在选定测量点位位置不动，探测器表面距离被测物 10 mm，每 20 s 读取一个最大值，共读取 5 个数据，得到第一组 β、γ 的 cps 计数数据，在原始记录表中记录。

如需对表面 α 和 β 分别进行检测，在该点位 α 检测结束后，原址更换仪器 β 测量支架，将仪器置于 β 测量支架按照 β 检测流程进行 β 检测。

盖上表面沾污仪保护盖，在原位置测量 β、γcps 计数，探测器表面距离被测物 10 mm，每 20 s 读取一个最大值，读取 5 个数据，得到第二组 γcps 计数数据，在原始记录表中记录。

2.7.5 实验结束

当仪器处于开机状态时，按下主机开机键，仪器将立即关机。检查设备外表面是否有污染物，使用酒精棉将设备外表清洁干净，再将设备置于专用保护箱中，检查各零部件的完整性，如确定长期不再开机使用，则应将电池从主机中拆下存放。

2.7.6 检测记录和数据处理

测量时需做测量记录，所有实验的记录内容包括：项目名称及地点，点位名及点位描述，天气状况，温湿度，测量日期，测量仪器的名称、型号和编号，仪器的检定/校准因子、效率因子、读数值、测量值及其标准偏差，测量人、校核人及数据校核日期等。根据需要记录测量点位的地理信息，拍摄测量现场照片，必要时记录工况、海拔、经纬度等信息。

表面活度响应及其数据处理

α：第一组数据 5 个 αcps 计数求平均值 $P(\alpha)$，$P(\alpha)$ 除以表面活度响应 $R(\alpha)$ 即得到 α 表面沾污值（Bq/cm²）。

β：第一组数据 5 个 β、γcps 计数求平均值 P_1，第二组数据 5 个 γcps 计数求平均值 P_2，$P_1 - P_2$ 得到 β cps 计数 P_0，P_0 除以表面活度响应 $R(\beta)$ 即得到 β 表面沾污值（Bq/cm²）。

根据 α、β 表面污染仪的表面发射率响应 R_q，可按下公式计算其表面活度响应 R

$$R = R_q \cdot s \cdot \varepsilon \tag{2.1}$$

式中：R——α、β 表面污染仪的表面活度响应，$s^{-1} \cdot Bq^{-1} \cdot cm^2$。

R_q——α、β 表面污染仪的表面发射率响应，根据每年度检定证书确定。

s——α、β 表面污染仪探测器窗面积，cm^2，本公司表面沾污仪探测器窗面积为 $170\ cm^2$。

ε——测量表面发射率响应所用标准平面源的效率，$s \cdot Bq^{-1}$。

平面源效率 ε 与粒子类型、平面源基材、平面源的制作方法等众多因素相关，其准确值需要通过实验方法获得。通常情况下平面源效率 ε 常用的推荐值为：

对于 α 平面源，$\varepsilon(\alpha) = 0.51$

对于 β 平面源，$\varepsilon(\beta) = 0.62$

根据公式（2.1）即可计算表面活度响应

$$R(\alpha) = R_{q(\alpha)} \times 170 \times 0.51 \qquad (2.2)$$

$$R(\beta) = R_{q(\beta)} \times 170 \times 0.62 \qquad (2.3)$$

所有点位的数据通过算术平均取其 5 个测量数据的平均值为该点位的有效测量值。因该测量数据是在较短时间段内获取的。通常情况下，在测量时间段内该被测环境可视为稳定辐射场，其测量数值可视为稳态电离辐射强度，同一个点位的 5 个测量数据代表的是同一个点位的不同时间段的样本，因此使用标准偏差计算公示如下：

$$\sigma(r) = \sqrt{\frac{1}{N}\sum_{i=1}^{N}(x_i - r)^2} \qquad (2.4)$$

$$S = \sqrt{\frac{\sum(x_i - \bar{X})^2}{n-1}} \qquad (2.5)$$

在使用 Excel 对数据进行统计处理时，可使用 STDEV（XXX：XXX）公式对所有点位的 5 个测量数据的算术平均值的标准公差进行自动计算。

2.8 出具结果报告

依据现场检测结果和最终的布点方案，按既定的报告格式出具相应的检测报告。

2.9 注意事项

2.9.1 操作注意事项

a）禁止打开探头，设备探测器闪烁体很脆弱，极易破损。仪器使用完毕应立即盖上探头的保护罩，注意避免太阳直射。

b）检测时探头表面禁止直接与被测表面接触，设备探测器闪烁体很脆弱，无法清洗，一旦探头被污染，只能更换探测器闪烁体。

c）设备探头内置玻璃材质元器件和精密电子元器件，禁止磕碰。

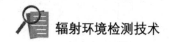

2.9.2 安全环保注意事项

a）在测量过程中，禁止无关人员进入测量场所，一旦出现测量数值异常情况，所有测量人员需立即退出至安全区，并第一时间通知实验指导老师，确保人员安全。

b）在测量场所禁止进食和饮水，防止摄入放射性物质。

c）现场检测过程中禁止随意丢弃垃圾，保护检测环境。

2.10　质量保证

1. 定期进行比对实验或将设备送至有资质的检定机构进行校准或检定，以确保设备检测结果的准确性。

2. 数据修约：参考《中华人民共和国国家标准数值修约规则》GB/T 8170-2008。

2.11　实验案例

本次实验指导书以西南科技大学国防科技学院的某一放射性分析实验室的 α、β 表面污染检测作为案例进行介绍（见图 2-6）。

图 2-6　现场气象条件测量检测图

2.11.1　实验准备阶段

　　环境条件：检测当天无雨、无雪，通过温湿度测量仪检测环境相对湿度为68%，温度为18.5 ℃，可以开展检测实验。

　　设备准备：实验设备包含CoMo170型便携式表面污染测量仪、Kestrel4500温湿度计，设备在检定有效期内，电量充足，检查仪器外观和功能，均未见异常。

　　信息搜集：检测人员通过现场勘察以及向该实验室的管理人员咨询，获取实验室污染源的基本信息、环境信息、敏感点信息，记录在检测原始记录表中。

　　制定检测方案：根据现场实际情况，以及实验检测要求制定出检测方案。

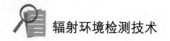

放射性分析实验室α、β表面污染检测方案

本次检测项目及执行标准见表 2-1。

表 2-1　检测项目及执行标准

检测类别	检测内容	检测点位	检测项目	检测频次
电离辐射	放射性分析实验室	场所桌面、地面及通风橱台面	α、β表面污染	检测 1 天，每点检测 1 次，每次检测 5 个数据
检测规范及评价标准	检测规范：《表面污染测定　第 1 部分：β发射体（$E_{\beta max}>0.15\ MeV$）和α发射体》（GB/T 14056.1-2008）《辐射环境监测技术规范》（HJ 61-2021）评价标准：《电离辐射防护与辐射源安全基本标准》（GB 18871-2002）			

本次检测现场布点见图 2-7。

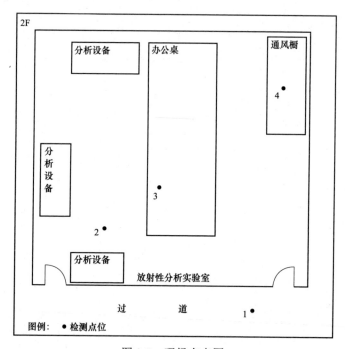

图 2-7　现场布点图

地址：西南科技大学国防科技学院实验楼

编制：陈小江　　　　审核：陈遥

日期：2022 年 11 月 04 日

2.11.2　现场监测图

现场检测如图 2-8 所示。

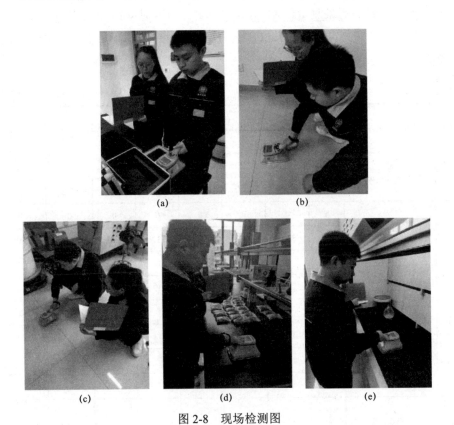

图 2-8　现场检测图

（a）设备开机检查；（b）1 号点位环境背景值检测；（c）2 号点位实验室地面检测；
（d）3 号点位实验室桌面检测；（e）4 号点位通风橱平台检测

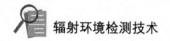

2.11.3 现场检测记录表

地点：<u>西南科技大学国防科技学院实验楼</u>　仪器状态：<u>符合</u>　仪器名称及型号：<u>便携式表面污染测量仪 CoMo170</u>　测量日期时间：<u>2022</u> 年 <u>11</u> 月 <u>05</u> 日　环境温度：<u>18.5</u> ℃　相对湿度：<u>68%</u>　风速：<u>0</u> m/s　天气：<u>阴</u>　其他：<u>委托检测</u>

共　页　第　页

序号	点位名	测量类别	测量值（cps）					平均值（cps）	结果/（Bq/cm²）
			1	2	3	4	5		
1	环境背景值	α	0	0	0	0	0	0	0
		β	27.1	27.7	27.5	27.7	27.4	27.5	/
2	实验室地面	α	0	0	0	0	0	0	0
		β	31.6	32.1	32	31.9	31.8	31.9	0.06
3	实验室桌面	α	0	0	0	0	0	0	0
		β	28.9	29.1	28.6	29	28.8	28.9	0.01
4	实验室通风橱平台	α	0	0	0	0	0	0	0
		β	32.6	32.5	31.7	32	31.9	32.1	0.06
1′	环境背景值	α	—	—	—	—	—	—	—
		β	27	27.2	26.6	27.7	27.3	27.2	—
2′	实验室地面	α	—	—	—	—	—	—	—
		β	28.9	28.5	28.7	29	28.6	28.6	—
3′	实验室桌面	α	—	—	—	—	—	—	—
		β	27.4	27.2	27.6	28	28.3	28.3	—
4′	实验室通风橱平台	α	—	—	—	—	—	—	—
		β	29.1	28.7	28.5	27.9	28.3	28.5	—

补充记录（说明）：表中序号"1"表示去掉探头保护盖后检测；"1′"表示盖上探头保护盖后检测。

平均值：$\overline{X} = \dfrac{\sum_{i=1}^{n} X_i}{n}$

结果：$[\overline{X}_{测量} - \overline{X}_{环境背景值}] \times$ 表面活度响应 R^{-1}（$R_{\alpha} = 39 \ \text{s}^{-1} \cdot \text{Bq}^{-1} \cdot \text{cm}^2$，$R_{\beta} = 56 \ \text{s}^{-1} \cdot \text{Bq}^{-1} \cdot \text{cm}^2$）

测量计算：陈小江　　　　　　审核：陈遥　　　　　　负责人：谢华

2.11.4　检测结果报告

检　测　报　告

报告编号：FHJC2022002 号

项目名称：　　放射性分析实验室α、β表面污染检测　　

委 托 方：　西南科技大学国防科技学院教材编制委员会　

检测类别：　　　　　　委托检测　　　　　　

报告日期：　　　　年　　月　　日　　

（盖　章）

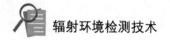

1. 检测内容

实验小组根据《放射性分析实验室α、β表面污染检测方案》，于 2022 年 11 月 5 日对西南科技大学国防学院放射性分析实验室进行检测工作。

项目检测对象及检测环境条件见表 2-2。

表 2-2　项目检测对象及监测环境条件

序号	核素名称	放射源编号	管理类别	出厂活度	所在位置
1	—	—	—	—	放射性分析实验室

地址：西南科技大学国防科技学院实验楼
温度：18.5 ℃；相对湿度：68%；天气：阴；风速：0 m/s

2. 检测项目

检测项目及检测规范见表 2-3。

表 2-3　项目检测内容及监测规范

检测类别	检测项目	检测规范	标准编号
电离辐射	α、β表面污染	《表面污染测定　第 1 部分：β发射体（$E_{\beta max}>0.15$ MeV）和α发射体》	GB/T 14056.1-2008
		《辐射环境监测技术规范》	HJ 61-2021

3. 检测方法及方法来源

本次检测项目的检测方法、方法来源、使用仪器见表 2-4。

表 2-4　检测方法、方法来源、使用仪器

项目	检测方法	方法来源	使用仪器
α、β表面污染	《表面污染测定　第 1 部分：β发射体（$E_{\beta max}>0.15$ MeV）和α发射体》	GB/T 14056.1-2008	名称：便携式表面污染测量仪型号：CoMo170 编号：21# 表面活度响应（$s^{-1} \cdot Bq^{-1} \cdot cm^2$） α：39　β：56
	《辐射环境监测技术规范》	HJ 61-2021	

4. 检测结果评价标准

本次检测结果评价标准见表 2-5。

表 2-5　检测结果评价标准

评价项目	评价标准
剂量限值	《电离辐射防护与辐射源安全基本标准》（GB 18871-2002）

续表

评价项目	评价标准	
	监督区	控制区
剂量限值	4 Bq/cm²	40 Bq/cm²

5. 检测结果及评价

本次检测项目的点位信息及结果见表 2-6。

表 2-6　检测结果
单位：Bq/cm²

点位号	检测位置	α、β表面污染		备注
		α	β	
1	环境背景值	≤LLD	≤LLD	
2	实验室地面	≤LLD	0.06	—
3	实验室桌面	≤LLD	≤LLD	
4	实验室通风橱平台	≤LLD	0.076	

注：1. 以上数据均未扣除环境背景值。2. 本次检测实验取 $LLD_\beta = 0.05$ Bq/cm²；$LLD_\alpha = 0.01$ Bq/cm²。
3. 监测布点图见附图。

本次检测项目现场布点见图 2-9。

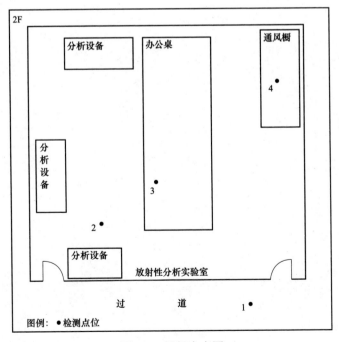

图 2-9　现场布点图

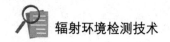

　　根据西南科技大学国防科技学院确认的实验室运行状况说明，实验室正常运行时，场所环境的表面污染水平均低于《电离辐射防护与辐射源安全基本标准》（GB 18871-2002）规定的监督区≤4 Bq/cm² 和控制区≤40 Bq/cm² 的限值。

<u>以下空白</u>

报告　编制：陈小江	报告复核：陈遥
实验负责人：谢华	日　　期：2022 年 11 月 25 日

2.12 检测实验数据记录表格及现场布点图

2.12.1 检测实验数据记录表格

地点：＿＿＿＿＿＿＿ 仪器状态：＿＿＿＿＿＿＿ 仪器名称及型号：
＿＿＿＿＿＿＿ 测量日期时间：＿＿＿ 年＿＿月＿＿日 环境温度：＿＿＿℃ 相
对湿度：＿＿＿% 风速：＿＿＿m/s 天气：＿＿＿ 其他：＿＿＿＿＿＿＿

共 页 第 页

序号	点位名	测量类别	测量值（cps）					平均值/cps	结果/（Bq/cm²）
			1	2	3	4	5		
		α							
		β							
		α							
		β							
		α							
		β							
		α							
		β							
		α							
		β							
		α							
		β							
		α							
		β							
		α							
		β							
		α							
		β							
		α							
		β							
		α							
		β							

补充记录（说明）：

平均值：$\bar{X}=\dfrac{\sum_{i=1}^{n}X_i}{n}$

结果：$[\bar{X}_{测量}-\bar{X}_{(环境背景值)}]\times$ 表面活度响应 R^{-1}（$R_\alpha=\mathrm{s}^{-1}\cdot\mathrm{Bq}^{-1}\cdot\mathrm{cm}^2$、$R_\beta=\mathrm{s}^{-1}\cdot\mathrm{Bq}^{-1}\cdot\mathrm{cm}^2$）

测量计算： 审核： 负责人：

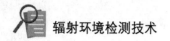

2.12.2　现场布点图

项目名称：　　　　　　　　　　　　　　　　　　　　　　　　　共　页　第　页

制图：　　　　　　　　　　　　制图时间：　　　　　　　　　　校核：

44

2.13　名词解释

表面污染：表面具有放射性物质的污染。

单位面和放射性活度：存在于表面的放射性核素的活度与该表面面积之比，以 Bq·cm^{-2} 表示。

源的表面发射率：单位时间从源的前表面发出的能量在给定能量范围内的特定类型粒子数，与相同条件下的黑体发射率进行比较。

2.14　思考与拓展

1. 表面污染直接测量法，为什么要对测量距离有相应的要求？

2. 表面污染探测器的面积是否越大越好？

3. 表面污染测量为什么使用 cps（计数率）作为单位而不是使用仪器自有的 Bq·cm^{-2} 作为检测单位？

三、中子周围剂量当量（率）检测实验

3.1 实验目的

基于国家相关标准，使用中子剂量当量（率）仪对环境中的中子周围剂量当量（率）进行检测实验，使学生通过本实验，能基本了解本实验所涉及的标准和准则；掌握现阶段探测技术水平下中子周围剂量当量（率）的检测全过程；了解数据的处理以及中子周围剂量当量（率）监测报告的编制。

3.2 实验原理

由于中子不带电荷，与周围物质的原子核之间没有库仑斥力，不能直接引起物质"电离"与"激发"，但是能更容易进入原子核内部。中子与原子核的作用作为测量方法主要有核反应法、核反冲法、核裂变法和活化法四种方法，目前便携式中子检测设备主要使用核反应法，通过中子与某种物质作用产生的次级带电粒子引起的电离现象的探测而实现。而核反应法使用的物质有氦、锂、铍三种物质。其中，$^3He（n，P）$是三种反应中反应截面最大的，常见的核反应截面与中子能量关系如图 3-2。因此，^3He 中子计数管是目前作为热中子探测器最理想与常见的探测器，如图 3-1 所示。

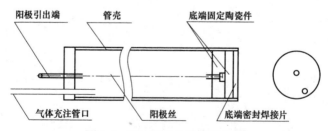

图 3-1　^3He 正比计数管示意图

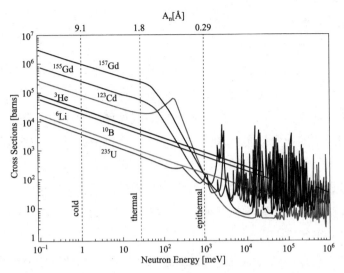

图 3-2　常见核的中子核反应截面与中子能量关系示意图

³He 中子计数管的工作机理

³He 中子计数管探测原理基于核反应法，根据中子与 ³He 核反应的原理，反应过程如下：

$$n + {}^3He \longrightarrow p + {}^3T + 765\ keV \tag{3.1}$$

中子照射 ³He 正比计数管时，与 ³He 气体发生电离磁撞，使 ³He 气体电离，同时损失部分能量，形成大量的电子与正离子［由 ³He（n，p）T 反应产生的质子和氚核两种带电离子］。热中子引起反应产生的反应能，在质子与氚核之间分配。质子获得 191 keV 能量，氚核获得 574 keV 能量，质子与氚核工作于 ³He 气体为工作气体的正比计数管内。

³He 中子计数管信号收集

中子通过气体时，同 ³He 气体发生电离碰撞，使 ³He 气体分子电离，同时损失部分能量，形成大量的离子对（电子与正离子）。³He 正比计数器作为一种电离室，在其中心阳极丝上加正高压，阳极丝与外壳管壁之间形成电场，在外加电场的作用下，这些电子和正离子分别向正、负电极漂移，电子漂向阳极丝，正离子漂向阴极壁，而被电极收集，正比计数管的电场分布为：

$$E(r) = \frac{V_o}{r \ln(b/a)} \tag{3.2}$$

式中：a 为阳极丝半径；

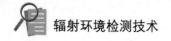

b 为阴极壁半径；

r 为该点与轴心的距离。

由于正离子质量大，且漂移方向的电场由强到弱，因此电场的加速不足以使之发生电离碰撞。而电子漂移愈接近阳极，电场强度愈强。到达某一距离 r_0 后，电子在平均自由程上获得的能量足以与气体原子发生电离碰撞，形成新的离子对。同样新的电子被再次加速再次发生电离碰撞。漂移电子越接近阳极，碰撞概率越大。于是不断增殖的结果，产生雪崩效应。雪崩后的离子对数目大量增多，形成信号的放大。雪崩只发生在阳极丝周围狭小范围内，因此阳极丝在管内的轻微偏心不会影响信号的输出。雪崩与气体压强、工作电压、电极（阳极丝、管壁）半径有关。

由于中子具有很高的能量，无法完全在 ^{3}He 正比计数管中充分反应从而影响到检测结果的准确性。因此，需要将高能的中子通过与轻核的散射碰撞作用降低其本身的速度，再使慢化后的中子进入 ^{3}He 正比计数管与 ^{3}He 气体发生反应。常见的可用于中子慢化的轻质材料有水、石蜡、聚乙烯等，聚乙烯由于其更良好的塑形和不易变形的特性，成为 ^{3}He 正比计数管测量中子的设备的慢化材料的首选。

3.3 适用范围

本实验适用于测定核设施、中子源和其他中子发生装置周围环境中子周围剂量当量（率）辐射检测。

3.4 实验人员

（1）检测人员

负责按照本细则对受试设备或受试场地环境的中子周围剂量当量（率）进行检测。现场检测工作须有两名及以上检测人员才能进行。

（2）指导人员

除去现场检测人员，如有必要，可增加一名熟悉检测流程和相关标准法规的核查人员对检测过程进行全程监督，负责对人员操作是否符合规范以及检测数据处理是否准确进行核查。

3.5 实验设备

  本实验选用美国赛默飞公司生产的 FH40G＋FHT762 型便携式中子剂量当量（率）仪。该便携式中子剂量当量（率）仪主要用于中子周围剂量当量（率）仪的测量。FH40G＋FHT762 型便携式中子剂量当量（率）仪是由主机、中子慢化探头、探头连接线等组成。FHT762 型中子探头具有优良的能量响应和角度响应，而且极大地扩展了高能响应。使用了大体积 ^{3}He 管，具有高灵敏度和很强的 γ 抑制能力，即使对于高达 1 Sv/h 水平的 γ 剂量率仍无需考虑串扰的影响。对于加速器的中子场有着更加精确的等效剂量响应，对于环境水平的中子场具有实时测量能力，仪器如图 3-3 所示。

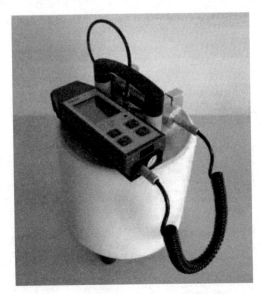

图 3-3　FH40G＋FHT762 中子仪图

3.5.1　实验设备技术指标

探测器：^{3}He 管

能量范围：0.025 eV～5 GeV，依照 ICRP74（1996）

测量范围：1 nSv/h～100 mSv/h，^{252}Cf

灵敏度：0.84 cps/（μSv/h），^{252}Cf

角度依赖性：所有方向±20%

大气压力：500～1 500 hPa

γ灵敏度：1到5 μSv/h 对于 100 mSv/h，^{137}Cs 662 keV

环境温度：−30～50 ℃

湿度：可达90%（非冷凝）

尺寸：直径230 mm，高320 mm

重量：13.5 kg

3.5.2　实验设备基本原理

FH40G＋FHT762型中子仪由主机（FH40G）和探测器（FHT762）和探头连接线组成。探测器（FHT762）外部为聚丙乙烯材质的慢化材料包裹，内置一只填充高压 ^{3}He 气体的正比计数管，热中子经过外部聚丙乙烯材质材料的慢化再进入正比计数管中与 ^{3}He 气体发生反应生成一对正负电子对，正负电子对在附加的高压下向在正比计数管的正负极漂移聚集形成电信号，在漂移过程中经过雪崩效应使得信号经过初步放大，在后续的前放和主放电路进行逐级放大，经过甄别整形以及数模转换等电路的处理，最终得到环境中子剂量当量率数据，如图3-4所示。

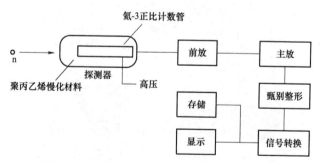

图 3-4　FH40G＋FHT762 中子仪工作原理图

3.6　方法依据

1.《辐射环境监测技术规范》（HJ 61-2021）。

2.《辐射防护仪器中子周围剂量当量（率）仪》（GB/T 14318-2019）。

3.7 实验流程

3.7.1 检测实验环境条件要求

仪器室要注意使用环境，工作温度：-30~55 ℃、环境相对湿度：0%~100% 时进行。存储在室内的仪器拿到室外 0 ℃以下使用时，可能因低压导致按键失灵，此时请打开电池隔板，使压力平衡即可恢复正常。

3.7.2 检测实验前准备

设备准备： 实验检测前先准备好仪器，将仪器与附件一一点清，确保无误，电池应充足电，并开机检查设备运行正常。

信息收集： 实验检测前需对本次实验的环境信息、辐射源信息等进行收集，确定检测性质。

制定检测计划： 现场检测计划的点位布设的宗旨是充分考虑辐射源对周围环境中职业人员和公众人员的影响。目前常见的被检测中子辐射源主要有加速器、中子源或使用中子源的设备、储源库三种。

加速器： 对大于 6 MeV 的加速器进行周围环境中子剂量当量（率）检测时，需要根据现场实际情况进行检测点位的布设。实际的检测点位规划，可根据现场各功能区的划分情况而定，如果只是对可能新建有加速器的场所进行周围环境中子剂量当量（率）调查检测（环境影响调查检测），可在拟安装或使用加速器的场所四周以及楼上（加速器一般建于地下或半地下，因加速器重量的原因，一般机房下无架空层）的所有敏感区域分别进行点位的布设，同时还需要在加速器半径 50 m 范围内的所有公众敏感区域进行布点检测。如现场各功能区的土建已经完成，则需在门窗、操作位置、线缆孔等位置增加检测点位。对于已经正常运行的加速器，一般会对加速器机房的墙体、楼板以及门有专门的防辐射处理（墙体和楼板有防辐射涂层或覆盖物并且加厚处理，门则采用铅皮和石蜡等材料对中子和 X 射线进行防护）。在计划对周围环境中的中子剂量当量（率）进行检测布点时需考虑四周墙体、楼板以及铅门铅窗的防护是否合格而分别设置检测点位。如果铅门面积较大，可在铅门周围适当增加检测点位（以左、右、中、下缝区别），如图 3-5 所示。

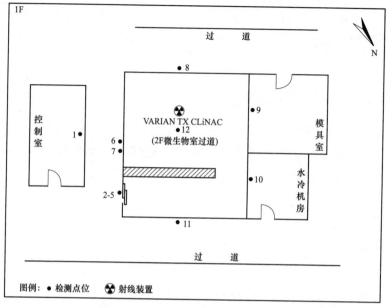

图 3-5　加速器现场检测布点示例图

中子源或使用中子源的设备：中子源主要有 Cf-252、Am-Be、Bo-Be、Rn-Be 等中子源，其中的 Am-Be、Bo-Be、Rn-Be 等中子源主要用于科研、仪器校准、准直器等；锎-252 是最常见的工业用中子源，主要用于工业生产线上的物料分析设备如图 3-6。对单独的中子源进行周围环境中子剂量当量（率）检测时，

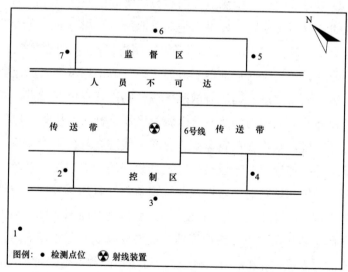

图 3-6　中子源或使用中子源的设备现场检测布点示例图

只需要测量中子源表面的剂量当量率。内置中子源的工业检测设备一般均作一体化防护设计，其本身具有一定的辐射防护能力。对该设备进行检测则需要根据现场实际情况进行检测点位的布设。在设备的四周以及上、下两个方向人员可到达的地方分别设点。

  储源库：储源库用于对各种放射源进行存储，一般储源库的墙体、楼板以及门窗均有专门的防辐射处理（墙体和楼板有防辐射涂层或覆盖物并且加厚处理，门则采用铅皮和石蜡等材料对中子和 γ 射线进行防护）。在计划对储源库周围环境中的中子剂量当量（率）进行检测布点时需考虑四周墙体、楼板以及门窗的防护是否合格而分别在四周、楼上、楼下以及门窗设置检测点位。如果铅门和窗面积较大，可在铅门和铅窗周围适当增加检测点位（以左、右、中、下缝区别）。

  如对拟建储源库的场地进行周围环境中子剂量当量（率）调查检测时，则还需要在距储源库半径 50 m 范围内的所有公众敏感区域进行布点检测，如图 3-7 所示。

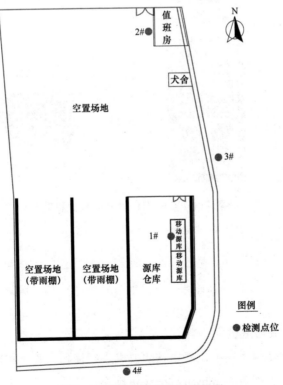

图 3-7 储源库现场布点示例图

3.7.3 操作步骤和记录观察结果

根据现场实际情况,以及实验检测要求等因素,制定出现场检测布点方案,对预期的现场检测实验进行前期计划。现场检测点位布设的宗旨是充分考虑辐射源对周围环境中职业人员和公众人员的影响。

将探头连接信号线并接到主机,打开剂量率仪主机,预热 1 min 以上即可进入正式测量。

3.7.4 仪器的具体操作规程

FH40G+FHT762 中子仪主机见图 3-8。

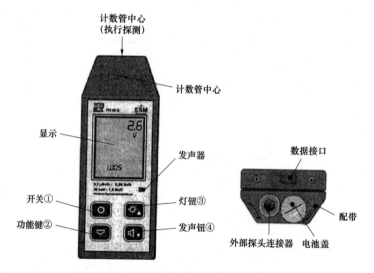

图 3-8 FH40G+FHT762 中子仪主机简介

3.7.4.1 开机前检查

检查主机与探测器外观是否异常,使用一个适合的硬币可旋开电池盖,插入两个 AA 电池,正极朝上盖口,然后旋紧后盖,注意,倒置电池极性将不会损坏仪器。

3.7.4.2 连接探头与主机

使用前阅读使用说明书,严格按照要求进行操作。将主机固定在探头的主机云台上,把中子探头与主机用数据线正确连接。

3.7.4.3 开机检查

按下开关按钮 ⊙，检查电池安装良好。一旦打开仪器开关，其微处理器将自动运行测试程序，在测试期间，响亮发声约 2 s，同时各种数值和符号出现在示屏上，如图 3-9 所示。

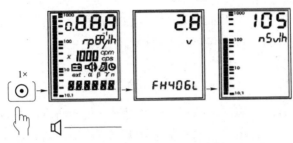

图 3-9 开机自检过程示意图

数值式剂量率显示在示屏顶行。条状标尺式剂量率显示在示屏左侧，其按照分段标尺显示测量值。

如果测试失败，可能与电池有关的三个原因如下。

1）检查电池盖是否旋紧，再按开关按钮。

2）检查电池放置方向是否正确。

3）检查电池电量。

如果电压太低，仪器将不能启动或会自动关闭。

如果在操作期间电池用尽，显示屏上的电池符号将闪烁。

如果电池电压显示不充足，为了操作安全，装置会自动关闭。

仪器自检完成后即可准备测量操作。

3.7.5 现场检测

将主机安装至探头上固定，信号线连接到主机和探头，打开中子剂量当量（率）仪主机，预热 1 min 以上即可进入正式测量。设置相关试验参数后开始正式测量，并现场记录仪器实时读数等。仪器各项参数设置需经专人管理，其他人员禁止更改。仪器各项参数设置好后重新开机，该参数不变，可在预热结束后进行测量读取数据。设备可根据当前测量值自动调整测量单位和量程。测量期间如需从高剂量率环境转至低剂量率环境测量，设备需较长时间的自动衰减过程，如数据衰减过于缓慢，可将设备重启，数据自动清零。

对于放射性物质操作场所或放射源的辐射环境检测实验，测量位置为距离被测对象表面或场界 30 cm 处，间隔 15 s 读取一个数据，每个测量地点测试 8 次并记录。所有读取的数据抄填进相应的原始记录表格中。最终数据取 8 次数据平均值。在进行中子周围剂量当量（率）检测时，一般也需要进行环境 X-γ 辐射剂量率检测，中子周围剂量当量（率）检测和环境 X-γ 辐射剂量率检测也需要确保检测位置一致，以确保后续评价的准确。

3.7.6 实验结束

当仪器处于开机状态时，按下主机开机键，仪器将立即关机。检查设备外表面是否有污染物，使用酒精棉将设备外表清洁干净，再将探头从主机上拆下并置于专用保护箱中，检查各零部件的完整性，如确定长期不再开机使用，则应将电池从主机中拆下存放。

3.7.7 检测记录和数据处理

中子剂量当量（率）测量时需做好测量记录，实验记录的内容包括：项目名称及地点，点位名及点位描述，天气状况，温湿度，测量日期，测量仪器的名称、型号和编号，仪器的检定/校准因子、效率因子，读数值、测量值及其标准偏差，测量人、校核人及数据校核日期等。根据需要记录测量点位的地理信息，拍摄测量现场照片，必要时记录工况、海拔、经纬度等信息。

所有点位的数据通过算术平均取其 8 个测量数据的平均值为该点位的有效测量值。因该测量数据代表的是稳态辐射环境，同一个点位的 8 测量数据代表的是同一个点位的不同时间段的样本，因此使用标准偏差计算公示如下：

$$\sigma(r) = \sqrt{\frac{1}{N}\sum_{i=1}^{N}(x_i - r)^2} \tag{3.3}$$

$$S = \sqrt{\frac{\sum(X_i - \bar{X})^2}{n-1}} \tag{3.4}$$

在使用 Excel 对数据进行统计处理时，可使用 STDEV（XXX:XXX）公式对所有点位的 10 个测量数据的算术平均值的标准公差进行自动计算。

3.8　出具结果报告

依据现场检测结果和最终的布点方案，按既定的报告格式出具相应的检测报告。

3.9　注意事项

3.9.1　操作注意事项

a）连接主机和探头时，注意轻稳，避免损坏接口。

b）注意安装、取下探头时，要握住探头，缓慢旋转直至接头正确对接后方可安装、取下探头。避免损坏探头。

c）仪器使用时要轻拿轻放，防止主机和探头受剧烈冲击受损。

d）结束测量时应关闭电源，防止电池的功率消耗。

e）设备为高精密仪器，内部修理应交由专业人员维修，禁止私自拆机。

3.9.2　安全环保注意事项

a）禁止打开主机和中子探头，因为设备内有约 2 000 V 的高压发生器。

b）禁止仪器及其配件直接与辐射物质接触，否则可能导致测量值偏高。

c）在仪器长期不使用的情况下，应取下电池。

d）在测量过程中，禁止无关人员进入测量场所，一旦出现测量数值异常情况，所有测量人员需立即退出至安全区，并第一时间通知指导实验老师，确保人员安全。

e）现场检测过程中禁止随意丢弃垃圾，保护检测环境。

3.10　质量保证

1. 定期进行比对实验，或将设备送至有资质的检定机构进行校准或检定，以确保设备检测结果的准确性。

2. 数据修约：参考《中华人民共和国国家标准数值修约规则》GB/T 8170-2008。

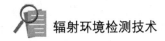

3. 不确定度的评定：本实验选取扩展不确定度 U_{rel}（$k=2$）≤20%。

4. 检测设备检出限：目前国内尚不存在对中子剂量当量（率）测量的标准和规范，因此设备检出限暂时使用设备生产厂家提供的 10 nSv/h。

3.11 实验案例

本次实验指导书以西南科技大学国防科技学院的储源库的中子周围剂量当量（率）检测作为案例进行介绍。

3.11.1 实验准备阶段

3.11.1.1 环境条件

检测当天无雨、无雪、无雾，通过温湿度测量仪检测环境相对湿度为 68%，温度为 18.5 ℃，可以开展检测实验见图 3-10。

图 3-10 现场气象条件测量检测图

3.11.1.2 设备准备

实验设备包含 FH40G＋FHT762 型中子仪、Kestrel4500 温湿度计，设备在检定有效期内，电量充足，检查仪器外观和功能，均未见异常。

3.11.1.3　信息搜集

　　检测人员通过现场勘察以及向放射源储源库管理人员咨询，获取储源库的基本信息、环境信息、敏感点信息，记录在检测原始记录表中。

3.11.1.4　制定检测方案

　　根据现场实际情况，以及实验检测要求制定出检测方案。

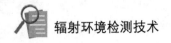

放射源储源库中子周围剂量当量（率）检测方案

本次检测项目及执行标准见表 3-1。

表 3-1　检测项目及执行标准

检测类别	检测内容	检测点位	检测项目	检测频次
电离辐射	放射源储源库（共 5 个点）	周围环境敏感点	中子周围剂量当量（率）	检测 1 天，每点检测 1 次，每次检测 8 个数据
检测规范及评价标准	检测规范：《辐射防护仪器中子周围剂量当量（率）仪》（GB/T 14318-2019）《辐射环境监测技术规范》（HJ 61-2021）评价标准：《电离辐射防护与辐射源安全基本标准》（GB 18871-2002）			

本次检测项目现场布点见图 3-11。

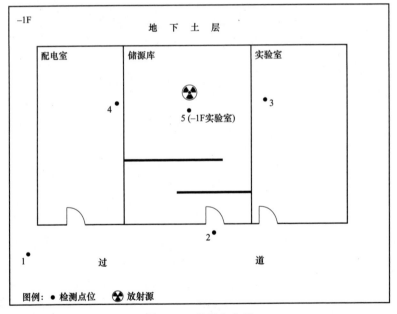

图 3-11　现场布点图

地址：西南科技大学国防科技学院实验楼

编制：陈小江　　　　　审核：陈遥

日期：2022 年 11 月 04 日

3.11.2　现场检测过程

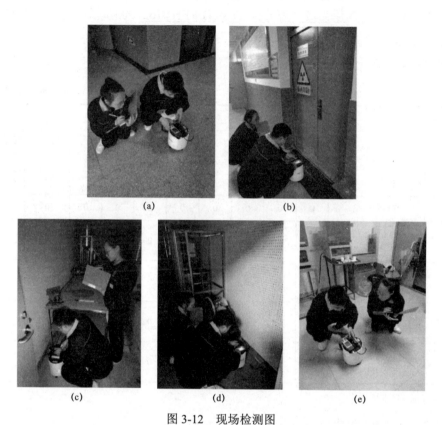

图 3-12　现场检测图

（a）1 号点位环境背景值检测；（b）2 号点位储源库大门检测；（c）3 号点位 – 1F 实验室检测；
（d）4 号点位 – 1F 配电室检测；（e）5 号点位 1F 实验室检测

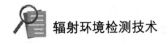

3.11.3　现场检测原始记录表

地点：<u>西南科技大学国防科技学院实验楼</u>　仪器状态：<u>符合</u>仪器名称及型号：<u>便携式中子剂量当量（率）仪 FH40G＋FHT762</u>　测量日期时间：<u>2022</u> 年 <u>11</u> 月 <u>05</u> 日　环境温度：<u>18.5</u> ℃　相对湿度：<u>68%</u>　风速：<u>0</u> m/s　天气：<u>阴</u>　其他：<u>委托检测</u>

共　页　第　页

序号	点位名	测量值/（μSv/h）								结果/（μSv/h）	
		1	2	3	4	5	6	7	8	平均值（$\bar{X}$）	标准差（σ）
1	环境背景值	0	0	0	0	0	0	0	0	0	0
2	储源库大门（距门 30 cm）	0	0	0	0	0	0	0	0	0	0
3	−1F 实验室（距墙 30 cm）	0	0	0	0	0	0	0	0	0	0
4	−1F 配电室（距墙 30 cm）	0	0	0	0	0	0	0	0	0	0
5	1F 实验室（距地 100 cm）	0	0	0	0	0	0	0	0	0	0

补充记录（说明）：

平均值 $(\bar{X})$＝测量平均值 $\left(\bar{X}_{测}=\dfrac{\sum_{i=1}^{n} X_i}{n}\right)$×校准因子（$C_F=1.05$）

标准差 $(\sigma)=\sqrt{\dfrac{\sum_{i=1}^{n}(X_i-\bar{X})^2}{n}}$

检测工况表

序号	核素名称	放射源编号	管理类别	出厂活度	所在位置
1	^{252}Cf	US21CF004344（出厂时间：2021.08.24）	Ⅳ	3.8×10^8 Bq	放射源储源库
2	^{252}Cf	US21CF004354（出厂时间：2021.08.24）	Ⅳ	3.8×10^8 Bq	放射源储源库

检测计算：陈小江　　　　　　校核：陈遥　　　　　　负责人：谢华

3.11.4 检测结果报告

检 测 报 告

报告编号：FHJC2022003 号

项目名称： 放射源储源库周围环境中子周围剂量当量（率）检测

委 托 方： 西南科技大学国防科技学院教材编制委员会

检测类别： 委托检测

报告日期： 年 月 日

（盖 章）

1. 检测内容

实验小组根据《放射源储源库周围环境中子周围剂量当量（率）检测方案》，于 2022 年 11 月 5 日对西南科技大学国防学院储源库进行检测工作见表 3-2。

表 3-2　项目检测对象及检测环境条件

序号	核素名称	放射源编号	管理类别	出厂活度	所在位置
1	^{252}Cf	US21CF004344 （出厂时间：2021.08.24）	IV	3.8×10^8 Bq	放射源储源库
2	^{252}Cf	US21CF004354 （出厂时间：2021.08.24）	IV	3.8×10^8 Bq	放射源储源库

地址：西南科技大学国防科技学院实验楼
温度：18.5 ℃；相对湿度：68%；天气：阴；风速：0 m/s

2. 检测项目

检测项目及检测规范见表 3-3。

表 3-3　项目检测内容及检测规范

检测类别	检测项目	检测规范	标准编号
电离辐射	X-γ 辐射剂量率	《辐射防护仪器中子周围剂量当量（率）仪》	GB/T 14318-2019
		《辐射环境监测技术规范》	HJ 61-2021

3. 检测方法及方法来源

本次检测项目的检测方法、方法来源、使用仪器见表 3-4。

表 3-4　检测方法、方法来源、使用仪器

项目	检测方法	方法来源	使用仪器
X-γ 辐射剂量率	《辐射防护仪器中子周围剂量 当量（率）仪》	GB/T 14318-2019	名称：中子仪 型号：FH40G＋FHT762 编号：02# 校准因子：1.05
	《辐射环境监测技术规范》	HJ 61-2021	

4. 检测结果评价标准

本次检测结果评价标准见表 3-5。

表 3-5　检测结果评价标准

评价项目	评价标准	
剂量限值	《电离辐射防护与辐射源安全基本标准》（GB 18871-2002）	
	职业照射	公众照射
	20 mSv/a	1 mSv/a

5. 检测结果及评价

本次检测项目的点位信息及结果见表 3-6。

表 3-6   检测结果   单位：μSv/h

点位号	检测位置	X-γ辐射剂量率		备注
		平均值	标准差	
1	环境背景值	≤LLD	—	
2	储源库大门（距门 30 cm）	≤LLD	—	
3	−1F 实验室（距墙 30 cm）	≤LLD	—	—
4	−1F 配电室（距墙 30 cm）	≤LLD	—	
5	1F 实验室（距地 100 cm）	≤LLD	—	

注：1. 以上数据均未扣除环境背景值。2. LLD 为设备检测下限，本次检测实验设备取 LLD＝0.01 μSv/h。
3. 检测布点图见附图。

现场布点见图 3-13。

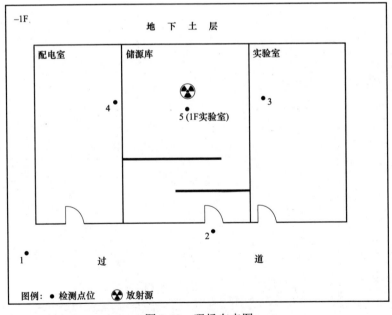

图 3-13   现场布点图

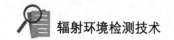

　　根据西南科技大学国防科技学院确认的放射源使用状况说明，实验室正常运行时，所致职业人员的年有效剂量最大值及公众（其他人员）年有效剂量最大值（职业人员居留因子取 1，公众居留因子取 1/4）均低于《电离辐射防护与辐射源安全基本标准》（GB 18871-2002）规定的职业人员 20 mSv/a 和公众1 mSv/a 的剂量限值。

<u>以下空白</u>

报告　编制：陈小江　　　　　　报告复核：陈遥

实验负责人：谢华　　　　　　　日　　期：2022 年 11 月 25 日

3.12 检测实验数据记录表格及现场布点图

3.12.1 检测实验数据记录表格

地点：_____ 仪器状态：_____ 仪器名称及型号：_____ 测量日期时间：____ 年__月__日 环境温度：____℃ 相对湿度：____% 风速：____m/s 天气：____ 其他：_____

共 页 第 页

序号	点位名	测量值/（μSv/h）								结果/（μSv/h）	
		1	2	3	4	5	6	7	8	平均值（$\bar{X}$）	标准差（σ）
1											
2											
3											
4											
5											
6											
7											
8											
9											

补充记录（说明）：

平均值（$\bar{X}$）＝测量平均值 $\left(\bar{X}_{测} = \dfrac{\sum_{i=1}^{n} X_i}{n} \right)$ ×校准因子（$C_F =$ ）

标准差（σ）＝ $\sqrt{\dfrac{\sum_{i=1}^{n}(X_i - \bar{X})^2}{n}}$

检测计算： 校核： 负责人：

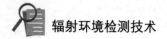

3.12.2 现场布点图

项目名称：　　　　　　　　　　　　　　　　　　　　　　　　　共　页　第　页

制图：　　　　　　　　　　　　　　制图时间：　　　　　　　　　　　　校核：

3.13 名词解释

中子周围剂量当量 $H^*(10)$：在一辐射场某点处，相应的齐向扩展场在 ICRU 球体内，逆齐向场方格的半径上深度为 10 mm 处产生的剂量当量。

有效测量范围的下限：在有效测量范围内的最低剂量（率）值。

3.14 思考与拓展

1. 自然界中是否存在中子？
2. 中子周围剂量当量（率）测量为什么要经过慢化过程？

四、氡浓度检测作业指导

4.1 实验目的

基于国家相关标准，使用测氡仪对环境空气中和土壤中氡浓度进行检测实验，使学生通过本实验，能基本了解本实验所涉及的标准和准则，掌握现阶段探测技术水平下环境空气中和土壤中氡浓度检测全过程；了解数据的处理以及环境空气中和土壤中氡浓度监测报告的编制。

4.2 实验原理

根据氡及其子体在环境中均以一定的因子达到平衡状态这一物理现象，通过采用金硅面垒半导体探测器对氡的子体释放出的 α 粒子进行检测，从而推算出当前环境中氡的浓度值（图 4-1）。

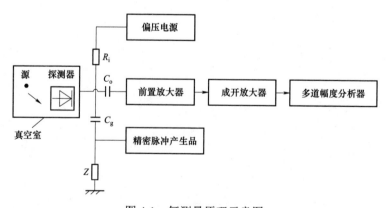

图 4-1 氡测量原理示意图

4.3　适用范围

本细则适用于所有环境空气中氡浓度和土壤中氡浓度的检测，亦适用于各污染源单位为实行自我管理而进行的同类检测。

4.4　实验人员

（1）检测人员

负责按照本细则对受试场地环境空气中氡浓度进行检测。现场检测工作须有两名及以上检测人员才能进行。

（2）指导人员

除去现场检测人员，如有必要，可增加一名熟悉检测流程和相关标准法规的核查人员对检测过程进行全程监督，负责对人员操作是否符合规范以及检测数据处理是否准确进行核查。

4.5　所需设备

本次实验采用美国 Durridge 公司生产的 RAD7 型测氡仪。RAD-7 测氡仪是可以同时检测空气、土壤、水中氡的便携式仪器，也可以频谱曲线形式显示所测的氡及钍。RAD-7 测氡仪操作简单，可对各种测量任务进行预设值，坚固的设计可用于各种恶劣现场监测。其嗅探器使用氡子体的 3 分钟α衰减，没有其他放射源或钍子体猝发α衰减的干扰，可在几分钟内从高量级氡暴露状态下恢复。RAD7 运行结束，仪器打印出全部报告，提供各种正确参数判别仪器的运行状况。

4.5.1　实验设备技术指标

测量模式：连续氡气监测，长时间或短时间氡水平筛选，以及用抽吸管（吸嘴）搜寻氡与钍射气的涌入口。

探量下限：连续监测：0.4 cpm/pCi/L 抽吸：0.2 cpm/pCi/L。

测量范围：$3.7 \text{ Bq/m}^3 \sim 740\,000 \text{ Bq/m}^3$。

存储容量：1 000 个氡浓度及相关数据。可以在 LCD 显示屏上读出，打印，或下载在 PC 机，数据同时显示氡浓度的高值、低值、平均值以及标准偏差。

内置气泵：流量率标准值 1 L/分（在进气口测量），泵上带进出气管接口。

温度：3 ℃～40 ℃。

相对湿度：0%～100%（不凝结）。

重量尺寸：5 kg；24×19×27 cm。

4.5.2　实验设备基本原理

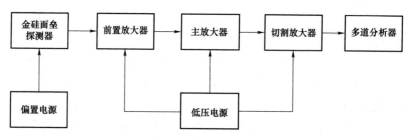

图 4-2　RAD7 测氡仪基本原理框图

用静电法引导 α 发射体，再做能谱分析。当进入半球形金硅面垒半导体容器的氡发生 α 衰变从而释放出带负电的钋原子（离子）。钋原子（离子）在电场的作用下向金硅面垒半导体移动并吸附其上，钋原子核继续发生 α 衰变，释放出的 α 粒子的激发作用会在灵敏层产生电子-空穴对，并在电场的作用下向两极运动，形成脉冲电信号，在负载电阻上产生电压脉冲，经电荷灵敏放大器及主放大器逐级放大后，按照脉冲幅度的大小分别送入多道脉冲幅度甄别器的 9 个能量窗，经过换算，最后进入计数电路并显示出测量结果。

4.6　方法依据

（1）《环境空气中氡的测量方法》（HJ 1212-2021）。

（2）《民用建筑工程室内环境污染控制标准》（GB 50325-2020）。

（3）《非铀矿山开采中氡的放射防护要求》（GBZ_T 256-2014）。

（4）《室内氡及其衰变产物测量规范》（GBZ_T 182-2006）。

（5）《氡及其子体测量规范》（EJT 605-1991）。

4.7 工作流程

4.7.1 检测实验环境条件要求

环境空气中和土壤中氡浓度检测应在无雨雪天气进行。如遇雨雪天气，则应在雨雪停后 24 h 以后进行检测。工作温度：－10～40 ℃。环境相对湿度：0%～90%。检测时间段：8:00～18:00。

4.7.2 检测实验前准备

设备准备：实验测量前先准备好仪器，将仪器与附件一一点清，确保无误，电池应充足电，干燥筒连接软管无漏气，干燥筒中应有足量的干燥剂，开机检查设备运行正常。在正式测量前应先运行至少 5 min 的测试净化程序，使探测器内部的湿度控制在 5%以下。

测量室内空气中氡浓度时，需提前 24 h 关闭待测房间的门窗及其他出口，避免空气流通。

需要检测土壤氡浓度时，需提前使用专用打孔器材在待测地点按所需的深度（60～80 cm 为宜）和孔径（2～4 cm 为宜）打好采样孔，并对取样管周围地表土层进行密闭处理。

需对土壤表面氡检出率进行检测时，则需提前备好集气罩装置，并对拟定的采样点地面进行预处理，去除腐殖质、杂草、石块等影响集气罩密封性的物体，使采样地表面尽量平整。

信息收集：实验测量前需对本次实验的环境信息、辐射源信息等进行收集，确定检测性质。

制定检测计划：

1. 环境空气中氡浓度检测

环境空气中氡浓度检测通常用于民用建筑室内环境空气检测。

对采用自然通风的民用建筑工程进行检测时，通常需要在密闭条件下进行测量，这必须门窗必须关闭，以防空气外流或进

图 4-3　环境空气中氡浓度检测示意图

入。建筑的门窗在人员必须出入时可短时间打开，但时间应尽量控制在几分钟内或者越短越好。采样期间，检测环境中内外空气调节系统（吊扇和窗户上的通风扇等）要停止运行。应提前24小时关闭门窗，直到采样结束再打开。

针对采用集中通风的民用建筑工程的检测，则需在通风系统正常运行的条件下进行检测。

若采样前12 h或采样期间出现大风，则停止采样。

检测布点要求：

1）仪器布置在室内通风率最低的地方，如内室（卧室、客厅、书房）；

2）不设在走廊、厨房、浴室、卫生间内；

3）不设在由于加热、空调、火炉、门、窗等引起的空气变化较剧烈的地方。

2. 土壤中氡浓度检测

土壤中氡浓度检测一般是指新建、扩建的民用建筑工程的工程地质勘察。其采用的是连续氡监测法来进行氡浓度测量，此方法是主动式采样，在每个测试点，采用专用钢钎打好采样孔洞后，用特制的取样器插入打好的孔洞中与仪器相连接如图4-4，将气体抽入仪器进行直接检测。

图4-4　土壤氡浓度检测示意图

检测布点要求：

1）土壤中氡浓度检测工作中，所有检测点位的布设的测量区域范围应与工程地质勘察范围相同。

2）在工程地质勘察范围布点时，应以间距10 m作网格，各网格点即为测试点（当遇较大石块时，可偏离±2 m），但布点数不应少于16个。

3）布点位置应覆盖基础工程范围。

4）在每个测试点，应采用专用钢钎打孔。孔的直径宜为 2～4 cm，孔的深度宜为 60～80 cm。成孔后，应使用头部有气孔的特制取样器，插入打好的孔中，取样器在靠近地表处应进行密闭，确保大气不会渗入孔中后进行抽气检测。

5）正式现场取样检测前，应通过一系列不同抽气次数的实验，确定最佳抽气次数。

3. 土壤表面氡检出率进行检测

土壤表面氡检出率检测主要分为被动收集型和主动抽气采集两种。当下主要采用主动抽气采集的方式进行检测。

检测布点要求：

1）在待检测的建筑场地按 20 m 建筑场地采用网格布点的方式，布点的数量不少于 16 个，应于网格点交叉处进行检测；

2）对拟定的采样点地面应去除腐殖质、杂草、石块等影响集气罩密封性的物体；

3）集气罩放置好后应使用现场的泥土对集气罩的周围进行密封；

4）应在无风或微风的环境下进行检测。

4. 城市区域性土壤氡水平调查

城市区域性土壤氡水平调查报告应包括城市地质概况、土壤概况、放射性本底概况；检测点位分布图及检测点位的布置说明；检测设备、方法介绍；检测过程描述；检测结果（包括原始数据、平均值、标准偏差、城市土壤氡浓度等值曲线图等）；测量结果评价（包括检测设备的日常稳定性检查、设备检定、校准、比对结果、仪器的质控图等）。

检测布点要求：

1）按 2 km×2 km 网格布点，部分小城市可按 1 km×1 km 网格布点。实际布点时可根据现场地形、建筑分布等原因对部分网格的点位进行偏移设置，但偏移距离应不大于 200 m；

2）整座城市的布点数量应不少于 100 个；

3）可使用至少 1:50 000 比例尺地形图配合全球卫星定位仪对所有检测点位进行定位并在图上标注，并且对每个点位的地理位置进行文字描述；

4）检测深度及孔洞大小为孔径：2～4 cm，孔的深度宜为 50～80 cm；

5）检测次数：每个检测点位应重复检测 3 次，以 3 次检测的算术平均值作为最终检测数据，也可在每个检测点位周围 3 m² 范围内打 3 个孔，每个孔检测一次再求三个孔的平均值。

4.7.3 操作步骤和记录观察结果

根据现场实际情况，以及实验检测要求等因素，制定出现场检测方案和现场检测布点方案，对预期的现场检测实验进行前期计划。

将仪器安置于地面，按检测要求连接干燥管和架设采样口，安装打印机，打开设备电源开关并启动净化探测器后，设置相关试验参数，开始正式测量。测量结束后仪器会自动打印检测结果。

4.7.4 仪器的具体操作规程

RAD-7 测氡仪见图 4-5 所示。

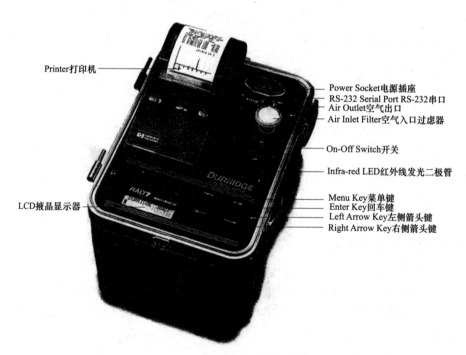

图 4-5 RAD-7 测氡仪示意图

土壤氡浓度测量前，需用专用打洞器在待测土壤中打出 600～800 mm 的测量洞，并安放好采样器。

从干燥器上小心移去两个塑料帽。将管材带有套管的一端附在干燥器离螺帽最远的管材配件上。将干燥管连接到采样器和仪器。

打开 RAD-7 电源。

按下"meau"键，再按"Enter"进入"Test"选项，用方向键选择"Test Purge"（测试净化），按"Enter"键进入，气泵工作，开始净化，让仪器净化 5 min 以上，净化好后，按"meau"键，停止净化。

在"Setup"选项中选择"Protocol"（预置协议），按"Enter"确认后，根据测量需要，从中选择合适的协议，再按"Enter"确认。

在"Setup"中选择"Cycle"（周期时间），根据测量需要设定检测所需时间，一般建议选 1 h。

在"Setup"中选择"Recycle"（循环次数），按需要设定次数，一般选 1 次。

在"Setup"中选择"mode"（模式），选择模式：自动 Auto。

在"Setup"中选择"Thoron"（钍气），选择：关闭 Off。

在"Setup"中选择"Tone"，选择：Geiger。

在"Setup"中选择"Pump"（泵体），选择泵工作模式：自动 Auto。

在"Setup"中选择"Format"（格式），选择打印格式：短 Short。

在"Test"中选择"Test Start"（开始），按"Enter"确认，仪器开始工作，LCD 显示屏上显示：

```
0101    Live    Sniff

00:59:37        00001
```

测量完成后，测量数据将自动被存储，如连接打印机，将打印机放置到指定面板，测量完成后会自动打印在打印纸上。

```
0102  100±15Bq/m³    Sniff

FRI 21-MAY-22   19:41

26.8 ℃ RH: 7% B: 7.06 V
```

其中，这里 0102 是运行（01）和周期（02）序号，100 是测到的氡气浓度，15 是统计不确定性，Bq/m³ 表示单位（Bq/m³），Sniff 表示对于这个读数只有钋 -218 的衰变计数。第二行很清楚是日期和时间，而第三行表示测量腔体内的温度和湿度以及电池电压。

如果让 RAD7 完成一次运行，它会打印出整个运行的总结信息（如图 4-6 所示），包括：

- 日期和时间
- 机器连续号
- 测试平均值
- 单个读数的棒条图
- 能量的累积图谱

如果你需要提前结束运行，可以关闭 RAD7 的电源。RAD7 会自动将收集到的数据存储在内存中，直到最后一个完整周期为止。之后，可以随时通过 RAD7 显示、打印或将数据下载到计算机中。

如果希望保存当前还没有完成的周期数据，在关闭 RAD7 电源之前，使用"测试保存"功能，这样，在测试结束后打印时就不会丢失数据。总结数据储存在内存中，任何时候都可以打印，但在运行结束才能打印的累计图谱会丢失掉。

采样过程中按规定填写采样记录表。

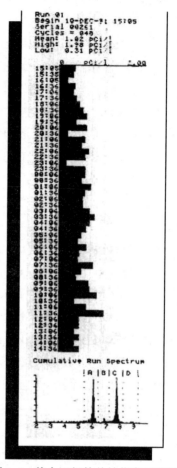

图 4-6　整个运行的总结信息打印图

4.7.5　实验结束

当仪器处于开机状态时，按下主机关机键，仪器将立即关机。将干燥管从主机上拆下，使用专用胶管堵住干燥管的进入口，并置于专用保护箱中保存，将主机进气口与出气口用专用软管连接起来，以避免水汽进入内部探测系统。接着检查各零部件的完整性。检查设备外表面是否有污染物，如果需要使用酒精棉将设备外表清洁干净。如确定设备将长期不再开机使用，则应对设备进行充电后再存放。

4.7.6　检测记录和数据处理

氡浓度检测过程中需做测量记录，所有实验的记录内容包括：项目名称及地点，点位名及点位描述，天气状况，温湿度，测量日期，测量仪器的名称、型号和编号，仪器的检定/校准因子、效率因子，读数值、测量值及其标准偏差，测量人、校核人及数据校核日期等。根据需要记录测量点位的地理信息，拍摄测量现场照片，必要时记录工况、海拔、经纬度等信息。

仪器对每个点位的测量结果均可自动打印输出。

$$测量结果 = 仪器读数 \times 仪器校准因子$$

对氡析出率的检测结果应按下式计算：

$$R = \frac{Nt \cdot V}{S \cdot T} \tag{4.1}$$

式中：R——土壤表面氡析出率 Bq/（m^2·s）；

$\quad\quad Nt$——经历 t 时刻检测出的罩内氡浓度 Bq/m^3；

$\quad\quad S$——集气罩所罩住的表面积 m^2；

$\quad\quad V$——集气罩容积 m^3；

$\quad\quad T$——检测时间 s。

4.8　出具结果报告

依据现场检测结果和最终的布点方案，按既定的报告格式出具相应的检测报告。

4.9　注意事项

4.9.1　操作注意事项

a）仪器使用完毕后，及时关闭仪器，将仪器进、出气口用胶管堵上，盖好箱盖，存放在干燥的环境中，电池不足应及时充电。

b）禁止设备气体入口吸入液体。

4.9.2　安全环保注意事项

a）密闭环境下检测，检测人员需佩戴口罩。仪器设置好后人员尽快撤离，直至检测完成后，打开门窗充分通风后人员再行进入。

b）测量过程中禁止进食和饮水。

c）对土壤进行打孔时注意小心操作，避免自己和他人受到伤害。

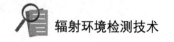

d）现场检测过程中禁止随意丢弃垃圾，保护检测环境。

4.10 质量保证

1. 定期进行比对实验，或者将设备送至有资质的检定机构进行校准或检定，以确保设备检测结果的准确性。

2. 数据修约：参考中华人民共和国国家标准数值修约规则 GB/T 8170-2008。

4.11 实验案例

本次实验指导书以西南科技大学国防科技学院的实验楼–1F 实验室的环境空气氡浓度检测作为案例进行介绍。

4.11.1 实验准备阶段

11.1.1 环境条件

检测当天无雨且最近一次降雨间隔超过 24 h，通过温湿度测量仪检测环境相对湿度为 63%，温度为 6.5 ℃，待测实验室提前 24 h 关闭门窗。可以开展检测实验。

11.1.2 设备准备：实验设备包含 RAD7 型测氡仪、Kestrel4500 温湿度计，设备在检定有效期内，电量充足，检查仪器外观和功能，均未见异常。

11.1.3 信息搜集：检测人员通过现场勘察以及向实验室管理人员咨询，获取实验室的基本信息、环境信息，记录在检测原始记录表中。

11.1.4 制定检测方案

根据现场实际情况，以及实验检测要求制定出检测方案（表 4-1）。

室内环境空气氡浓度检测方案

本次检测项目及执行标准见表 4-1。

表 4-1　检测项目及执行标准

检测类别	检测内容	检测点位	检测项目	检测频次
电离辐射	实验楼－1F 实验室（共 3 个点）	－1F 实验室正中心	环境空气氡浓度	检测 1 天，每点检测 1 次，每次检测 1 h
检测规范	检测规范：《环境空气中氡的测量方法》（HJ 1212-2021）《民用建筑工程室内环境污染控制标准》（GB 50325-2020）			

本次检测项目现场布点见图 4-7。

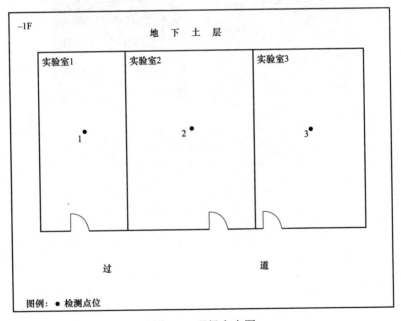

图 4-7　现场布点图

地址：西南科技大学国防科技学院实验楼－1F

编制：陈小江　　　　　　审核：陈遥

日期：2022 年 12 月 14 日

4.11.2 现场检测过程

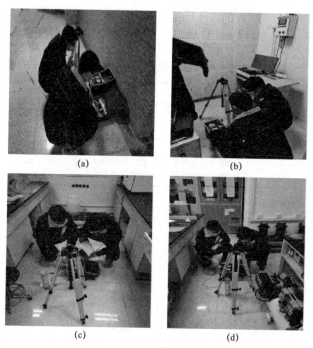

图 4-8　现场检测过程

（a）检测实验前仪器开检检查；（b）1 号点位检测；

（c）2 号点位检测；（d）3 号点位检测

4.11.3 现场检测原始记录表

检测地点：<u>西南科技大学国防科技学院实验楼－1F</u> 仪器状态：<u>符合</u> 仪器名称及型号：<u>测氡仪 RAD-7</u> 测量日期时间：<u>2022 年 12 月 15 日</u> 环境温度：<u>6.5</u> ℃ 相对湿度：<u>65%</u> 风速：<u>0</u> m/s 天气：<u>阴</u>

共 页 第 页

序号	点位名	采样高度/cm	测量时间/h	氡浓度/（Bq/m³）
1	国防实验室－1F 实验室 1	70	1.0	284
2	国防实验室－1F 实验室 2	70	1.0	267
3	国防实验室－1F 实验室 3	70	1.0	271

补充记录（说明）：

检测计算：陈小江 　　　　　　校核：陈遥 　　　　　　负责人：谢华

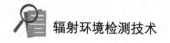

4.11.4 检测报告

检 测 报 告

报告编号：FHJC2022004 号

项目名称：<u>国防学院实验室－1F 室内环境空气氡浓度检测</u>

委 托 方：<u>西南科技大学国防科技学院教材编制委员会</u>

检测类别：<u>委托检测</u>

报告日期：<u>年 月 日</u>

（盖 章）

1. 检测内容

实验小组根据《西南科技大学国防学院实验室－1F室内环境空气氡浓度检测方案》，于2022年12月15日对西南科技大学国防学院实验室进行检测工作。

项目检测对象及检测环境条件见表4-2。

表4-2　项目检测对象及检测环境条件

序号	检测场所	采样高度	采样时间
1	国防实验室－1F 实验室 1	70 cm	1 h
2	国防实验室－1F 实验室 2	70 cm	1 h
3	国防实验室－1F 实验室 3	70 cm	1 h

地址：西南科技大学国防学院实验室－1F
温度：6.5 ℃；相对湿度：63%；天气：阴；风速：0 m/s

2. 检测项目

检测项目内容及检测规范见表4-3。

表4-3　项目检测内容及检测规范

检测类别	检测项目	检测规范	标准编号
电离辐射	环境空气中氡浓度	《环境空气中氡的测量方法》	HJ 1212-2021
		《民用建筑工程室内环境污染控制标准》	GB 50325-2020

3. 检测方法及方法来源

本次检测项目的检测方法、方法来源、使用仪器见表4-4。

表4-4　检测方法、方法来源、使用仪器

项目	检测方法	方法来源	使用仪器
环境空气中氡浓度	《环境空气中氡的测量方法》	HJ 1212-2021	名称：测氡仪 型号：RAD7 编号：H01 测量范围：4～750 000 Bq/m³ 检出限：4 Bq/m³ 校准因子：0.90 校检有效期：2023.01.20
	《民用建筑工程室内环境污染控制标准》	GB 50325-2020	

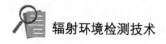

4. 检测结果

本次检测项目的结果见表 4-5。

表 4-5　检测结果　　　　　　　　　　单位：Bq/m³

检测点位 ＼ 项目	环境空气中氡浓度/（Bq/m³）
检测日期	2022.12.15
国防实验室－1F 实验室 1	284
国防实验室－1F 实验室 2	267
国防实验室－1F 实验室 3	271

注：1. 以上数据均未扣除环境背景值。2. 检测布点图见附图。

本次检测项目的现场布点图见图 4-9。

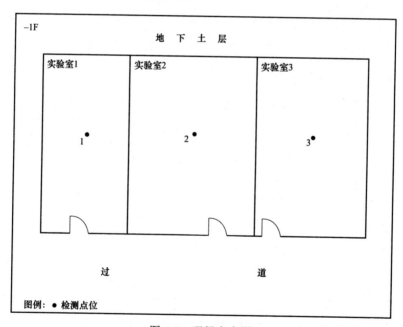

图 4-9　现场布点图

以下空白

报告　编制：陈小江　　　　　　报告复核：陈遥

实验负责人：谢华　　　　　　　日　　期：2022 年 12 月 26 日

4.12 检测实验数据记录表格及现场布点图

4.12.1 检测实验数据记录表格 1

检测地点：_____ 仪器状态：_____ 仪器名称及型

号：_____ 编号：_____ 仪器测量范围：_____

检测方法标准：_____ 测量日期时间：____年 ____月 ____日 环

境温度：____℃ 相对湿度：__ % 风速：____ 气压：____kPa 天气：____

共 页 第 页

序号	点位名	采样高度/cm	测量时间/h	氡浓度/（Bq/m³）
1				
2				
3				
4				
5				
6				
7				
8				
9				

补充记录（说明）：

检测计算：　　　　　　　　　　校核：　　　　　　　　　　负责人：

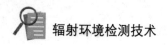

4.12.2 检测实验数据记录表格 2

检测地点：＿＿＿＿＿＿＿＿ 仪器状态：＿＿＿＿＿＿＿＿ 仪器名称及型号：＿＿＿＿＿＿ 编号：＿＿＿＿＿＿ 仪器测量范围：＿＿＿＿＿＿
检测方法标准：＿＿＿＿＿＿＿＿＿＿＿ 测量时间：＿＿＿ 年＿＿ 月
＿＿＿日 环境温度：＿＿℃ 相对湿度：＿＿% 风速：＿＿ 气压：＿＿kPa
天气：＿＿＿

共 页 第 页

序号	点位名	采样深度/cm	测量时间/h	氡浓度/（Bq/m³）
1				
2				
3				
4				
5				
6				
7				
8				
9				

补充记录（说明）：

检测计算： 校核： 负责人：

4.12.3 现场布点图

项目名称：   共　页　第　页

制图：   制图时间：   校核：

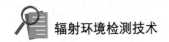

4.13 名词解释

表面氡析出率：单位面积、单位时间土壤或材料表面析出的氡的放射性浓度。

氡浓度：单位体积空气中氡的放射性浓度，单位为 Bq/m^3。

平衡当量氡浓度：氡与其短寿命子体处于平衡状态、并具有与实际非平衡混合物相同的 α 潜能浓度时氡的活度浓度，单位为 Bq/m^3。

4.14 思考与拓展

1. 氡对人身体健康的影响？室内氡浓度控制措施有哪些？
2. 测量氡时为什么对周围环境气象条件有哪些要求？
3. 土壤中氡浓度测量时为什么会出现读数为零或者极低的情况？
4. 双滤膜法测量室外环境中氡浓度采样要求是什么？

五、实验室水质总 α、总 β 放射性分析

5.1 实验目的

基于国家现有相关标准，使用低本底 α、β 测量仪进行实验室水质总 α、总 β 放射性分析，使学生通过本实验，能基本了解相关标准和准则，掌握总 α、总 β 放射性分析实验的全过程；了解数据的处理以及实验室总 α、总 β 分析实验监测报告的编制。

5.2 实验原理

总 α、总 β 放射性水平是指环境介质中各种核素的 α、β 放射性活度等效值的总和，是环境介质中放射性总体活度水平的反映。总 α、总 β 放射性测量主要针对一些长寿命 α、β 放射性核素，它不包括射气及其子体的贡献，也不包括 ^3H、^{14}C 及碘等易挥发性物质的放射性贡献以及其他大量的短寿命人工放射性核素的贡献。一般情况下，某种特定的 α 辐射体或 β 辐射体在环境样品中的活度不可能大于不明放射性元素混合物的总 α 或总 β 放射性活度。总 α、总 β 放射性测量给出的结果快、成本低，对大量放射性监测样品能起到快速筛选的作用。水样分析过程中，缓慢将待测样品蒸发浓缩，转化成硫酸盐后蒸发至干，然后置于马弗炉内灼烧得到固体残渣。准确称取不少于"最小取样量"的残渣于测量盘内均匀铺平，置于低本底 α、β 测量仪上测量总 α、β 的计数率，以计算样品中总 α、β 的放射性活度浓度。

5.2.1 探测器原理

本实验使用探测器为圆饼状薄窗流气式正比计数管，探测器将不可直接测量的辐射信息转化为可以直接测量的电脉冲信号。因其输出脉冲信号的幅度与入射粒子的能量成正比，而叫做"正比"计数管。计数管的窗材料为超薄 Mylar

91

膜。薄窗厚约 80～100 µg/cm²，便于 α、β 等穿透能力弱的粒子进入计数管。当 α射线和 β射线穿透过超薄窗进入探测器内部。射线对内部气体产生电离。电离产生的离子对的数量与入射射线的能量成正比，通过对电荷的收集，在电子学后端产生正比于射线能量的脉冲。通过对脉冲高度的甄别，来进行 α粒子和 β粒子的识别和计数。

流气式正比计数器探测器构造见图 5-1 所示。

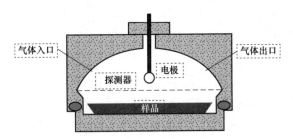

图 5-1　流气式正比计数器探测器构造图

5.2.2　水中总 α 测量原理

在环境检测中，常见核素发射的 α粒子，其能量一般在 2～8 MeV 范围，其α粒子电离能力强，在物质中的射程极短，部分粒子被样品吸收，部分粒子穿过样品表面被仪器所探测，当缓慢向样品盘中增加含放射性样品，α射线发射率随着样品厚度的增加而增加，当样品厚度达到某一厚度时，继续增加样品的厚度，样品表面射线发射率将不再随样品厚度的增加而增加，这个厚度就是"饱和厚度"。"饱和厚度"可理解为样品的最底层所射出的 α粒子垂直穿透样品层及其表面后，其剩余能量刚刚能触发仪器且被仪器记录下来，则该厚度为该放射性射线的有效饱和厚度。称取与样品相同的质量的有证标准物质（已知其总 α放射性活度浓度），置于低本底α、β 测量仪上测量总 α的计数率，计算出仪器在某一样品量和环境条件下对标准源的探测效率，将仪器探测效率带入公式中即可计算出样品的总 α活度浓度。因为利用饱和层法测量样品中总 α放射性很容易实现，且考虑了样品自吸收和铺盘均匀度带来的误差，因此本实验使用"厚源法"进行样品的总 α、总 β放射性测量。

5.2.3　水中总 β 测量原理

β粒子比α粒子的贯穿本领大，很难达到饱和厚度，通过实验发现β射线计数率随着氯化钾标准粉末厚度的增加呈线性增加，β 探测效率无显著变化。因此，对一定直径大小的测量盘来说，样品源的有效饱和厚度可按 0.1 Amg 计算。称取与样品相同的质量的有证标准物质（已知其总 β 放射性活度浓度），置于低本底 α、β 测量仪上测量总 β 的计数率，计算出仪器在某一样品量和环境条件下对标准源的探测效率，将仪器探测效率带入公式中即可计算出样品的总 β 活度浓度。

5.3 适用范围

本实验适用于地表水、地下水、工业废水和生活污水中总 α、β 放射性的测定。

5.4 人员与职责

（1）实验人员

负责按照本细则对水质总 α、总 β 进行放射性分析。分析工作须有两名及以上实验人员才能进行。

（2）指导人员

除了实验室人员，如有必要，可增加一名熟悉分析流程和相关标准法规的核查人员进行全程监督，负责对分析操作是否符合规范以及检测结果数据是否准确进行核查。

5.5 实验仪器和设备

5.5.1 实验分析设备技术指标

低本底 α、β 测量仪：仪器的性能指标应满足 GB/T 11682 中相关要求。本实验使用 MPC9604 型低本底 α、β 测量仪，仪器设计的特点是，每路探测单元真正做到了完全独立，每个测量舱室均可以独立设置不同的刻度参数，设定不同的工作电压，进行不同类型的样品测量。1 台系统集成 4 台独立的测量舱室。如果其中任何一路的探测器需要更换探测器窗，完全不需要考虑其他探测器是否在测量。直接进行更换即可。

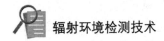

探测器类型：流气式正比计数器，中心是阳极细丝，圆柱筒外壳是阴极，工作气体一般是惰性气体和少量负电性气体的混合物。入射粒子与筒内气体原子碰撞使原子电离，产生电子和正离子。在电场作用下，电子向中心阳极丝运动，正离子以比电子慢得多的速度向阴极漂移。电子在阳极丝附近受强电场作用加速获得能量可使原子再电离。从阳极丝引出的输出脉冲幅度较大，且与初始电离成正比。

探测器数量：4 路

采用分格独立抽屉式设计，每个通道分别能独立放样、换样，可分别设置不同的测量时间，能独立开始和终止测量，相互之间不受干扰；

铅屏蔽厚度：10 cm

本底：$\alpha \leqslant 0.05$ cpm，$\beta \leqslant 0.5$ cpm（典型值）

效率：^{210}Po＞40%，^{241}Am＞40%，^{230}Th＞40%，^{90}Sr/^{90}Y＞55%，^{137}Cs＞40%，^{99}Tc＞35%

坪斜：＜1.5%/100 V（α），＜2.5%/100 V（β）

坪长：＞1 000 V（α），＞200 V（β）

串扰：α 到 β＜0.1%，β 到 α＜0.1%

MPC9604 型低本底 α、β 测量仪模块如图 5-2 所示。

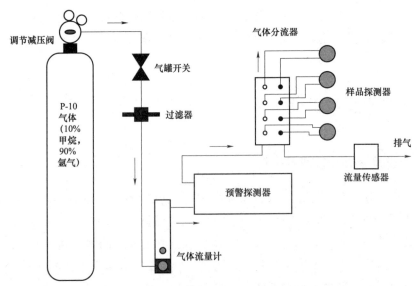

图 5-2　MPC9604 型低本底 α、β 测量仪模块示意图

5.5.2 实验辅助设备

1. 分析天平：感量 0.1 mg；

2. 可调温电热板：也可选用电炉或其他加热设备；

3. 烘箱；

4. 红外箱或红外灯；

5. 马弗炉：能在 350 ℃下保持恒温；

6. 测量盘：带有边沿的不锈钢圆盘，圆盘的质量厚度至少为 2.5 mg/mm²，测量盘的直径取决于仪器探测器的直径及样品源托的大小；

7. 坩埚：石英或瓷制材料，100 mL 或 200 mL；

8. 研钵和研磨棒；

9. 聚乙烯桶：10 L；

10. 一般实验室常用仪器和设备。

5.5.3 实验试剂材料

1. 硝酸（HNO_3）：$\rho = 1.42$ g/mL；

2. 硝酸溶液：1:1，量取 100 mL 硝酸，稀释至 200 mL；

3. 硫酸（H_2SO_4）：$\rho = 1.84$ g/mL；

4. 有机溶剂：无水乙醇（C_2H_5OH）：纯度≥95%；

5. 硫酸钙（$CaSO_4$）：优级纯；

6. 有证标准物质：以 ^{241}Am 标准液或粉末源为总 a 标准物质，活度浓度值推荐 5.0 Bq/g～100.0 Bq/g；以 KCl 粉末源作为总 β 标准物质。

5.6　方法依据

《水质总 α 放射性的测定厚源法》HJ 898-2017。
《水质总 β 放射性的测定厚源法》HJ 899-2017。

5.7　实验流程

实验室水质总 α、总 β 分析主要包括两部分：样品前处理和上机测量与结果分析。

5.7.1　实验环境条件要求

应符合行业标准和仪器标准中规定的使用条件，测量记录表中注定环境温度、相对湿度，天平称量和样品上机环境的相对湿度不超过 50%，温度控制在 25 ℃±5 ℃范围内。

5.7.2　实验前准备

（1）仪器设备准备

实验前按照实验需要准备仪器和设备，并检查仪器设备状态是否正常，查看低本底 a、β 测量仪和天平分析仪等设备是否处于检定有效期内，确保仪器使用环境满足设备使用要求，温度控制在 25 ℃±5 ℃范围内。MPC9604 型低本底α、β 测量仪使用 P10 气体（10%甲烷，90%氩气）做为计数气体。测量前需要通气半个小时，赶出探测器里的空气。首先打开钢瓶气阀，然后调节减压阀阀门将进气量控制为 60 cc/min，仪器前面板有浮标流量计，可以观测流量（如图 5-3）。

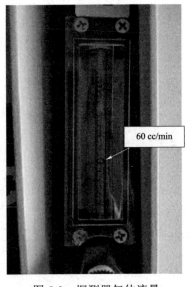

60 cc/min

图 5-3　探测器气体流量

（2）实验试剂材料准备

实验前按照实验需要准备试剂材料，硫酸钙（$CaSO_4$）和标准粉末源使用前应在 105 ℃下干燥恒重，量取实验所需的试剂量备用；瓷坩埚使用前应进行恒重，坩埚洗净、晾干或在烘箱内于 105 ℃下烘干后，置于马弗炉内 350 ℃灼烧 1 h，取出在干燥器内冷却后称重，连续两次称量（时间间隔大于 3 h，通常不少于 6 h）之差小于±1 mg，即为恒重，记录恒重重量；硫酸钙（$CaSO_4$）：优级纯，使用前应在 105 ℃下干燥恒重，保存于干燥器中。硫酸钙粉末中可能含有痕量 226Ra 和 210Pb，使用前，应称取与样品相同质量的硫酸钙粉末于测量盘内铺平，在低本底α、β 测量仪上测量其总α、总β 计数率，应保持在仪器总α、总β 平均本底计数率的 3 倍标准偏差范围内，否则应更换硫酸钙粉末或采用硫酸钙粉末的总α 计数率代替仪器本底计数率；确认标准粉末源为有证标准物质，处于有效期内，使用前应在 105 ℃下干燥恒重，保存于干燥器中。

5.7.3　本底和空白测量

（1）仪器本底的测定

取未使用过、无污染的测量盘，洗涤后用酒精浸泡 1 h 以上，取出、烘干，置于低本底 α、β 测量仪上连续测量仪器的总 α、β 本底计数率 8 h～24 h，确定仪器本底的稳定性，取平均值，以计数率 R_0(s^{-1}) 表示。

（2）空白试样的测定

硫酸钙烘干恒重、研磨成粉末状，准确称取与样品源相同质量的硫酸钙，将空白试样在低本底 α、β 测量仪上测量总 α、β 计数率（CPM）。总 α、β 计数率应保持在仪器总本底平均计数率的 3 倍标准偏差范围内，否则应更换硫酸钙或采用空白试样的总 α、β 计数率代替仪器本底计数率。

（3）有效饱和厚度的确定

实际测量：分别称取 80 mg、100 mg、120 mg、140 mg、160 mg、180 mg、200 mg、220 mg、240 mg 的标准源于测量盘内，按样品源的制备相同步骤，制成不同厚度的系列标准源，均匀平铺在测量盘底部，晾干后，置于低本底 α、β 测量仪上测量每个标准源的总 α、β 计数率。以总 α、β 净计数率为纵坐标，铺盘量为横坐标，绘制 α、β 自吸收曲线如图 5-4 所示。当铺盘量达到一定的值时，总 α、β 净计数率不再随铺盘量的增加而增加，延长自吸收曲线的斜线段与水平段，交叉点对应的铺盘量即为标准源的有效饱和厚度，也就是方法的最小铺盘量。

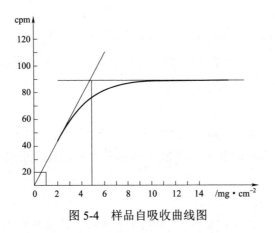

图 5-4　样品自吸收曲线图

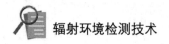

理论估算：如果有效饱和厚度测量有困难，可直接按 0.1 Amg 计算。

（4）标准源的测定

购买有证标准物质，α 标准源为 ^{241}Am 粉末源；β 标准源为 KCl 粉末源，在烘箱内 105 ℃下干燥恒重后，直接称取铺盘、测量，标准物质取样量和样品取样量以及读数时间保持一致。本实验标准物质取样量为 255.2 mg，每次读数时间为 300 min，每个样品读 5 次。

（5）样品前处理

a）样品浓缩

量取 2 000 mL 待测水样倒入 5 000 mL 烧杯中，置于可调温电炉上缓慢加热至微沸，根据残渣含量估算实验分析所需量取样品的体积，为防止操作过程中的损失，确保试样蒸干、灼烧后的残渣总质量略大于 0.1 Amg（A 为测量盘的面积，mm^{-2}），灼烧后的残渣总质量按 0.13 Amg 估算取样量。为防止样品在微沸过程中溅出，烧杯中样品体积不得超过烧杯容量的一半，若样品体积较大，可以分次陆续加入。全部样品浓缩至 50 mL 左右，放置冷却。将浓缩后的样品全部转移到坩埚中，用少量 80 ℃以上的热去离子水洗涤烧杯，防止盐类结晶附着在杯壁，然后将洗液一并倒入 100 mL 坩埚中。

对于硬度很小（如以碳酸钙计的硬度小于 30 mg/L）的样品，应尽可能地量取实际可能采集到的最大样品体积来蒸发浓缩，如果确实无法获得实际需要的样品量，也可在样品中加入略大于 0.13 Amg 的硫酸钙，然后经蒸发、浓缩、硫酸盐化、灼烧等过程后制成待测样品源。

b）硫酸盐化

沿器壁向坩埚中缓慢加入 1 mL 的硫酸，为防止溅出，把蒸发皿放在红外箱或红外灯上加热，直至硫酸冒烟，再把蒸发皿放到可调温电热板上（温度低于 350 ℃），继续加热至烟雾散尽。

c）灼烧（灰化）

将装有残渣的蒸发皿放入马弗炉内，在 350 ℃下灼烧 1 h 后取出，放入干燥器内冷却，冷却后准确称量，根据和蒸发皿的差重，求得灼烧后残渣的总质量。

d）样品的制备

将残渣全部转移到研钵中，研磨成细粉末状，准确称取不少于 0.1 A mg 的残渣粉末到测量盘中央，本实验样品取样量为 255.2 mg，用滴管吸取有机溶剂（无水乙醇），滴到残渣粉末上，使浸润在有机溶剂中的残渣粉末均匀平铺在测量盘内，然后将测量盘晾干置于红外灯下烤干，制成样品。

5.7.4 上机测量与分析

（1）上机测量

样品烤干后立即放入低本底 α、β 测量仪托盘中，关好抽屉，如图 5-5 所示。

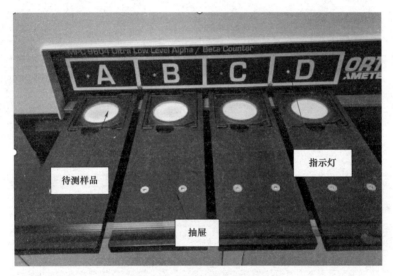

图 5-5　上机测试参数设置

在计算机上双击"Vista2000"图标进入系统，先选择探测器通道（A 道、B 道、C 道、D 道），在"Count Method"区域选择"Trend"，然后点"Start"，选择要测量的样品记录，也可以在这里调整测量时间以及重复读数次数，点"ok"开始测量，指示灯由绿色变为红色。

测量总 α、β 计数率 R_x（cpm），记录时间间隔和日期，每次读数时间为 300 min，每个样品读 5 次。在测量过程中，观察仪器工作状态，气体流量是否处于设置位置，如果气压不够，仪器指示灯会闪烁。

仪器测试完成后在"Detector Selection"区域显示绿色"Ready"，在"Date View"区域点击"Trend"，选中"alpha"和"beta"后点击"File"进入文件页面，点击"print"进行数据文档打印或保存。

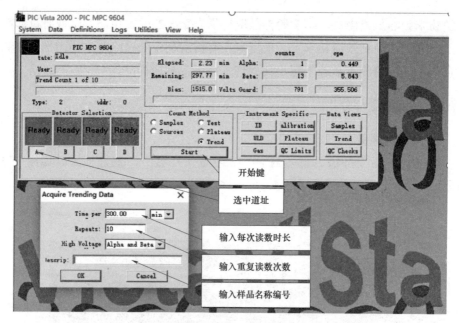

图 5-6 上机测试参数设置

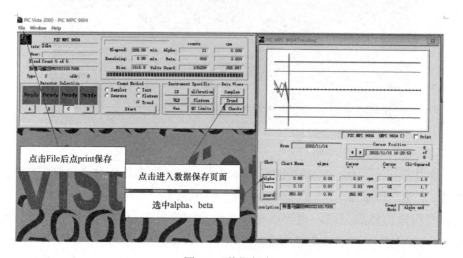

图 5-7 数据保存

5.7.5 结果计算

1. 活度浓度

（1）样品 α 活度浓度

样品中总 α 放射性活度浓度 C_α（Bq/L），按照以下公式进行计算：

$$C_\alpha = \frac{(R_x - R_0)}{(R_s - R_0)} \times \alpha_s \times \frac{m}{1\,000} \times \frac{1.02}{V} \qquad (5.1)$$

式中：C_α——样品中总 α 放射性活度浓度，Bq/L；

R_x——样品源的总 α 计数率，s^{-1}；

R_o——本底的总 α 计数率，s^{-1}；

α_s——标准源的总 α 放射性活度浓度，Bq/g；

m——样品蒸干、灼烧后的残渣总质量，mg；

1.02——校正系数，即 1 020 mL 酸化样品相当于 100 mL 原始样品；

R_s——标准源的总 α 计数率，s^{-1}；

V——取样体积，L。

当测定结果小于 0.1 Bq/L 时，保留小数点后三位，测定结果大于等于 0.1 Bq/L 时，保留三位有效数字。

（2）样品 β 活度浓度

样品中总 β 放射性活度浓度 C_β（Bq/L），按照以下公式进行计算：

$$C_\beta = \frac{(R_x - R_0)}{(R_s - R_0)} \times \beta_s \times \frac{m}{1\,000} \times \frac{1.02}{V} \qquad (5.2)$$

式中：C_β——样品中总 β 放射性活度浓度，Bq/L；

R_x——样品源的总 β 计数率，s^{-1}；

R_o——本底的总 β 计数率，s^{-1}；

β_s——标准源的总 β 放射性活度浓度，Bq/g，天然钾中钾-40 的 β 放射性活度浓度是 27.4 Bq/g，它在氯化钾中的放射性活度浓度是 14.4 Bq/g；

m——样品蒸干、灼烧后的残渣总质量，mg；

1.02——校正系数，即 1 020 mL 酸化样品相当于 1 000 mL 原始样品；

R_s——标准源的总 β 计数率，s^{-1}；

V——取样体积，L。

当测定结果小于 0.1 Bq/L 时，保留小数点后三位，测定结果大于等于 0.1 Bq/L 时，保留三位有效数字。

2. 探测限、标准差计算

（1）α 探测下限和标准差

探测下限 L_d（Bq/L）可近似表示为公式：

$$L_d = 2\sqrt{2}K_\alpha \times \frac{\alpha_s \times m \times 1.02}{(R_s - R_o) \times 1\,000 \times V} \times \sqrt{\frac{R_o}{t_0}} \tag{5.3}$$

由仪器计数统计误差引起的样品活度的标准偏差 s_c，计算公式为：

$$s_c = \sqrt{\frac{R_x}{t_x} + \frac{R_0}{t_0}} \times \frac{\alpha_s \times m \times 1.02}{(R_s - R_0) \times 1\,000 \times V} \tag{5.4}$$

式中：L_d——样品中总 α 测量探测下限，Bq/L；

K_α——与预选的错误判断放射性存在的风险几率（a）相应的标准正态变量的上限百分数值，本实验 $2\sqrt{2}K_\alpha$ 取值 4.65；

α_s——标准源的总 α 放射性活度浓度，Bq/g；

m——样品蒸干、灼烧后的残渣总质量，mg；

1.02——校正系数，即 1 020 mL 酸化样品相当于 1 000 mL 原始样品；

R_o——本底的总 α 计数率，s^{-1}；

t_x——样品的测量时间，s；

R_s——标准源的总 α 计数率，s^{-1}；

V——样品取样体积，L；

t_o——本底的测量时间，s。

（2）β 探测下限：

探测下限 L_d（Bq/L）可近似表示为公式：

$$L_d = (K_a + K_\beta)\frac{\beta_s \times m \times 1.02}{(R_s - R_0) \times 1\,000 \times V} \times \sqrt{\frac{R_0}{t_x}\left(1 + \frac{t_x}{t_0}\right)} \tag{5.5}$$

由仪器计数统计误差引起的样品活度的标准偏差 s_c，计算公式为：

$$s_c = \sqrt{\frac{R_x}{t_x} + \frac{R_0}{t_0}} \times \frac{\beta_s \times m \times 1.02}{(R_s - R_0) \times 1\,000 \times V} \tag{5.6}$$

式中：L_d——样品中总 β 测量探测下限，Bq/L；

K_a——与预选的错误判断放射性存在的风险几率（a）相应的标准正态变量的上限百分数值；本实验 $2\sqrt{2}K_a$ 取值 4.65；

β_s——标准源的总 β 放射性活度浓度，Bq/g；

m——样品蒸干、灼烧后的残渣总质量，mg；

1.02——校正系数，即 1 020 mL 酸化样品相当于 1 000 mL 原始样品；

R_o——本底的总 β 计数率，s^{-1}；

t_x——样品的测量时间，s；

R_s——标准源的总 β 计数率，s^{-1}；

V——样品取样体积，L；

t_o——本底的测量时间，s。

5.8　注意事项

1. 实验人员应当了解并遵守实验室具体要求。设备使用人员必须经过专业培训或由专业人员指导，应遵守设备操作规程；保持实验室干燥、无尘，温度湿度恒定，禁止开窗；保证室内用水用电安全，禁止在室内吸烟、进食。

2. 在样品前处理过程中应做好个人防护，穿实验服、佩戴口罩和橡胶手套，实验中产生的低水平放射性废液或固体废物应集中收集，统一保管，做好相应的标识。

3. 禁止私自更改设备固有参数，如因测量需更改，应告知指导老师，获得允许后可进行操作。

4. 取标准源粉末要严格遵守操作规程，避免造成沾污。

5. 室内仪器设备使用完后应填写使用记录，如发生异常应立即报告设备管理人员。

5.9　质量保证

5.9.1　样品采集与管理

样品质量是实验室分析项目成功的首要前提。在样品采集，样品前处理及样品存储过程均应按照标准方法严格要求，并做好记录。包括采集样品的方法，采样区域的环境状况、天气等。

5.9.2　仪器本底泊松分布检验

每年至少进行一次仪器本底计数的泊松分布检验，即检验仪器的短期稳定性，如果本底很低，可用一定活度的标准源代替。选择一个工作日或一个工作单元（如完成一个或一组样品测量所需的时间）为检验的时间区间，在该时间区间内，测量 10～20 次相同时间间隔的仪器本底计数，按照如下公示计算统计量 x^2 的值，在 x^2 分布的上侧分位数表中与选定显著水平的分位数进行比较，检验仪器本底计数是否满足泊松分布。公式：

$$\chi^2 = \frac{(n-1)S^2}{N}$$　　　　　（5.7）

式中：χ——统计量值；

　　　n——所测本底的次数；

　　　S——n 次本底计数的标准偏差；

　　　N——n 次本底计数的平均值，也是按泊松分布计算的仪器本底计数的方差。

5.9.3　仪器本底、效率质量控制

使用质量控制图检验仪器的长期稳定性，以保证日常工作的一致性。在仪器工作电压以及其他可调参数均固定不变的情况下，定期以固定的测量时间测量仪器的本底计数率和参考源的探测效率，绘制仪器本底和效率质控图。α 参考源使用 ^{241}Am、^{239}Pu 电镀源，β 参考源使用 ^{90}Sr-^{90}Y 电镀源，电镀源活性区直径与仪器探测器直径有关，一般不小于 $\phi 25$ mm，表面粒子发射率不少于 $(10^2 \sim 10^3)$ 粒子数/（min·2π）。

本底测量频次：1 次/半月，测量时间取 60 min～240 min，每次测量 3 次以上，取算术平均值；效率测量频次：1 次/两月，测量时间取 5 min～10 min，每次测量 3 次以上，取算术平均值。

当积累 20 个以上数据后，以本底计数率或仪器效率为纵坐标，日期（或测量次序）为横坐标，绘制质量控制图，在平均值 $\bar{n}$ 的上下各标出控制线（$\bar{n} \pm 3\delta$）和警告线（$\bar{n} \pm 2\delta$）。若定期测量的仪器本底计数率或效率在警告线内，则表示仪器性能正常；若仪器本底计数率或效率超过控制线或两次连续同侧超过警告线，则表示仪器可能不正常，应及时寻找故障原因；若测量结果长期（连续 7 次）偏于平均值一侧，说明仪器性能发生系统偏差，须绘制新的质量控制图。

5.9.4　平行双样的测定

每批次（≤20）样品，随机抽取 10%～20% 的样品进行平行双样测定，样品数量少于 10 个时，应至少测定 1 对平行双样。平行双样测定结果的相对偏差应≤30%，也可按照以下公式计算：

$$|y_1 - y_2| \leqslant \sqrt{2}U(y)$$　　　　　（5.8）

式中：y_1——样品测量结果，Bq/L；

$\quad\quad y_2$——平行样测量结果，Bq/L；

$\quad\quad U(y)$——样品测量不确定度（置信水平 95%），Bq/L。

5.9.5　加标回收率的测定

每批次（≤20）样品，随机抽取 5%～10%的样品，测 α 加标回收率时加入一定量的 ^{241}Am 标准溶液，测 β 加标回收率时加入一定量的 KCl 粉末源（加入的标准物质总活度不得超过样品总活度的 3 倍）；样品数量少于 10 个时，应至少测定 1 个加标回收率。

加标回收率应控制在 70%～130%之间，也可按照以下公式进行判断：

$$E_n = \frac{|x - X|}{\sqrt{U_{lab}^2 + U_{ref}^2}} \leq 1 \tag{5.9}$$

式中：E_n——加标回收测量结果比率值；

$\quad\quad x$——加标回收量，Bq；

$\quad\quad X$——加标量，Bq；

$\quad\quad U_{lab}^2$——实验室测量不确定度（置信水平 95%），Bq；

$\quad\quad U_{ref}^2$——所加标准物质的不确定度（置信水平 95%），Bq。

5.9.6　实验室全过程空白试样测定

每更新一批试剂均需进行实验室全过程空白试样测定。若测量的实验室全过程空白试样的总 α、总β 计数率在仪器总 α、β 本底平均计数率 3 倍标准偏差范围内，则可以忽略，否则，则应选用更低放射性的试剂或选用空白试样的总 α、总 β 计数率值代替本底值。

5.10　实验案例

本实验指导书以涪江西南科技大学断面水样的总 α、总 β 分析作为案例进行介绍。

5.10.1　实验环境条件要求

低本底 α、β 测量仪分析室和天平仪称量室对温度和湿度均有要求，实验

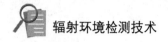

室内安装空调和除湿机，低本底 α、β 测量仪分析室在测量过程中温度为 21.3～22.6 ℃，湿度 42%～45%；天平称量室称量过程中温度为 19.8～20.6 ℃，湿度 43%～46%，测量记录表中记录环境温度、相对湿度。

5.10.2　实验前准备

（1）仪器设备准备

实验前按照实验需要准备仪器和设备，仪器设备状态正常，低本底 α、β 测量仪和天平分析仪等设备是否处于检定有效期内，确保仪器使用环境满足设备使用要求。MPC9604 型低本底 α、β 测量仪 P10 气体流量为 60 cc/min。

（2）实验试剂材料准备

实验前按照实验需要准备试剂材料，硫酸钙（$CaSO_4$）和标准粉末源使用前在 105 ℃下干燥恒重，量取实验所需的试剂量备用；瓷坩埚使用前应进行恒重；硫酸钙（$CaSO_4$）：优级纯，使用前应在 105 ℃下干燥恒重，保存于干燥器中。

5.10.3　本底和空白测量

（1）仪器本底的测定

本次使用仪器 A 道进行实验，取未使用过、无污染的测量盘，洗涤后用酒精浸泡 1 h 以上，取出、烘干，置于低本底 α、β 测量仪 A 道址上连续测量仪器的总 α 本底计数率，每 5 h 记录一次数据，一共读 5 次，确定仪器本底的稳定性，取平均值，以计数率 R_0（s^{-1}）表示，如表 5-1 所示：

表 5-1　仪器本底测试结果

道址	A 道					平均值	标准差
α 计数率/cpm	0.046	0.050	0.034	0.038	0.049	0.043	0.007
β 计数率/cpm	0.610	0.513	0.549	0.627	0.609	0.582	0.048

（2）空白试样的测定

硫酸钙烘干恒重、研磨成粉末状，准确称取与样品源相同质量的硫酸钙，将空白试样在低本底 α、β 测量仪 A 道址上测量总 α、β 计数率（cpm），如表 5-2 所示。

表 5-2　仪器本底测试结果

道址	A 道					平均值	标准差
α 计数率/cpm	0.046	0.043	0.054	0.051	0.041	0.047	0.005
β 计数率/cpm	0.608	0.589	0.581	0.639	0.619	0.607	0.023

总 α、总 β 计数率保持在仪器总本底平均计数率的 3 倍标准偏差范围内，硫酸钙满足实验要求。

5.10.4　有效饱和厚度的确定

本实验直接按 0.13 Amg 计算，标准粉末源和样品的称量样为 255.2 mg。

5.10.5　标准源的测定

本实验使用的标准物质为有证标准物质，α 标准源为 ^{241}Am 粉末源；β 标准源为 KCl 粉末源，在烘箱内 105 ℃下干燥恒重后，直接称取铺盘、测量，标准物质取样量和样品取样量以及读数时间保持一致。本实验标准物质取样量为 255.2 mg，置于 A 道址测试，每次读数时间为 300 min，每个样品读 5 次，标准源测定结果如表 5-3 所示：

表 5-3　标准粉末源测定结果

道址	A 道					平均值	标准差
α 计数率/cpm	19.417	18.417	18.757	19.303	19.287	19.036	0.43
β 计数率/cpm	112.42	111.13	111.963	112.16	112.137	111.962	0.49

5.10.6　样品前处理

（1）样品浓缩

量取 1 500 mL 待测水样倒入 2 000 mL 烧杯中，置于可调温电炉上缓慢加热至微沸。全部样品浓缩至 50 mL 左右，放置冷却。将浓缩后的样品全部转移到坩埚中，用少量 80 ℃以上的热去离子水洗涤烧杯，防止盐类结晶附着在杯壁，然后将洗液一并倒入 100 mL 坩埚中。

（2）硫酸盐化

沿器壁向坩埚中缓慢加入 1 mL 的硫酸，为防止溅出，把蒸发皿放在红外箱或红外灯上加热，直至硫酸冒烟，再把蒸发皿放到可调温电热板上（温度低于 350 ℃），继续加热至烟雾散尽。

图 5-8　水样浓缩

图 5-9　水样硫酸盐化

（3）灼烧

　　将装有残渣的蒸发皿放入马弗炉内，在 350 ℃下灼烧 1 h 后取出，放入干燥器内冷却，冷却后准确称量，根据和蒸发皿的差重，求得灼烧后残渣的总质量。

（4）样品源的制备

将残渣全部转移到研钵中，研磨成细粉末状，准确称取不少于 0.1 A mg 的残渣粉末到测量盘中央，本实验样品取样量为 255.2 mg，用滴管吸取有机溶剂（无水乙醇），滴到残渣粉末上，使浸润在有机溶剂中的残渣粉末均匀平铺在测量盘内，然后将测量盘晾干置于红外灯下烤干，制成样品源。

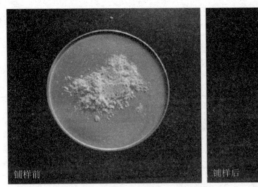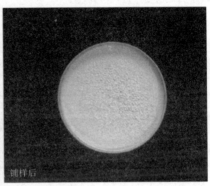

图 5-10　铺样前后实物图

5.10.7　上机测量与分析

（1）上机测量

样品烤干后立即放入低本底 α、β 测量仪托盘中，关好抽屉，如图 5-11 所示：

图 5-11　样品放入对应道址托盘中

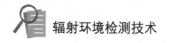

（2）记录、计算

任务来源：涪江西南科技大学断面水样的总 α、总 β 分析实验

分析日期：2022.11.20-24

分析方法：《水质总 α 放射性的测定厚源法》HJ 898-2017、《水质总 β 放射性的测定厚源法》HJ 899-2017

仪器名称及型号：MPC9604 型低本底 α、β 测量仪检定□/校准☑日期：2022.4.1

其他：

样品编号	HW20221120001				
样品名称	涪江西南科技大学断面				
分析项目	水中总 α、总 β				
分析取样量 V/L	2				
坩埚空重/g	104.151 1				
残渣＋坩埚重/g	104.959 8				
水样残渣总量 m/mg	708.7				
测量用样品重/mg	255.2				
标准物质重/mg	255.2				
测量道址	A				
标准源计数率 R_S/cpm	α：		β：		
样品计数率 R_x/cpm	α：0.109	α：0.115	α：0.102	α：0.112	α：0.092
	β：1.453	β：1.326	β：1.333	β：1.387	β：1.297
样品平均计数 $\bar{R}_x$/cpm	α：0.106		β：1.359		
本底计数率 R_0/cpm	α：0.043		β：0.582		
比活度 C/（Bq/L）	α：0.014		β：0.039		
标准差 S/（Bq/L），相对标准差（%）	α：0.005，35.7%		β：0.004，10.3%		
探测下限/（Bq/L）	$LLD_\alpha = 1.23 \times 10^{-2}$		$LLD_\beta = 1.03 \times 10^{-2}$		

备注：

5.11　水样总 α、总 β 分析实验报告

检 测 报 告

报告编号：FHJC2022005 号

项目名称：　涪江西南科技大学断面水中总 α、总 β 放射性

委　托　方：　西南科技大学国防科技学院教材编制委员会

检测类别：　　　　　　　委托检测

报告日期：　　　　　年　　月　　日

（盖　章）

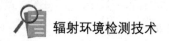

一、分析内容

按照实验指导书要求对涪江西南科技大学断面水样的总α、总β进行分析实验。

二、分析项目

水中总α、水中总β

分析设备信息见表5-4。

表5-4　分析设备信息

	仪器名称及型号	检定日期	检定证书号	检定单位	仪器参数	备注
分析仪器	MPC9604型低本底α、β测量仪	2022.4.1	校准字第202204002963号	中国测试技术研究院	α本底（cpm）＜0.070 β本底（cpm）＜0.700 α效率（^{239}Pu）≥45% β效率（^{90}Sr-^{90}Y）≥55%	符合设备使用环境

三、分析方法及方法来源

本次分析项目的方法及方法来源见表5-5。

表5-5　分析方法及方法来源

项目	检测方法	方法来源
水中总α	《水质总α放射性的测定厚源法》	HJ 898-2017
水中总β	《水质总β放射性的测定厚源法》	HJ 899-2017

四、分析结果及结论

1. 分析结果说明

各点位分析结果见表5-6。

表5-6　水样总α、总β比活度结果表　　　　单位：Bq/L

编号	水样名称	样品编号	总α	总β	探测限
1	涪江西南科技大学断面	HW20221120001	0.014	0.039	$LLD_\alpha = 1.23 \times 10^{-2}$ $LLD_\beta = 1.03 \times 10^{-2}$

备注：探测限为本次测量使用方法和仪器的综合技术指标

2. 数据分析及评价

本次监测的涪江西南科技大学断面地表水中总α和总β放射性分析结果分别低于《生活饮用水卫生标准》（GB 5749-2006）中规定的总α限值0.5 Bq/L，总β限值1 Bq/L。

报告　编制：陈小江　　　　报告复核：陈遥

实验负责人：谢华　　　　日　　期：2022年11月26日

5.12　水样总α、总β分析原始记录表

任务来源：分析日期：

分析方法：

仪器名称及型号：检定□/校准□日期：

其他：

样品编号					
样品名称					
分析项目					
分析取样量 V/L					
坩埚空重/g					
残渣＋坩埚重/g					
水样残渣总量 m/mg					
测量用样品重/mg					
标准物质重/mg					
测量道址					
标准源计数率 R_S/cpm	α:		β:		
样品计数率 R_X/cpm	α:	α:	α:	α:	α:
	β:	β:	β:	β:	β:
样品平均计数率 $\bar{R}_X$/cpm	α:		β:		
本底计数率 R_0/cpm	α:		β:		
比活度 C/（Bq/L）	α:		β:		
标准差 S/（Bq/L），相对标准差/%	α:		β:		
探测下限/（Bq/L）	$LLD_\alpha = 1.23 \times 10^{-2}$		$LLD_\beta = 1.03 \times 10^{-2}$		

备注：

分析：　　　　　　　　复核：

实验负责人：　　　　　日期：　　　年　月　日

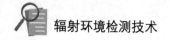

5.13　名词解释

总 α 放射性：指在本实验指导书规定的制样条件下，样品中不挥发的所有天然和人工放射性核素的 α 辐射体的总称。

总 β 放射性：指在本实验指导书规定的制样条件下，样品中 β 最大能量大于 0.3 MeV 不挥发的 β 辐射体的总称。

有效饱和厚度：指某一放射性的射线发射率随着放射性物质厚度的增加而增加，当放射性物质厚度达到一定程度时，射线发射率将不再随放射性物质厚度的增加而增加，则该厚度为该放射性射线的有效饱和厚度。

5.14　思考与拓展

1. 水中总 α、总 β 放射性测量的意义。
2. 从事环境样品的放射化学分析有哪些基本要求。

六、实验室 γ 核素分析实验

6.1　实验目的

　　基于国家现有相关标准，使用高纯锗 γ 能谱仪进行实验室 γ 核素分析，使学生通过本实验，能基本了解相关标准和准则；掌握现阶段探测技术水平下实验室 γ 核素分析实验的分析全过程；了解数据的处理与及实验室 γ 核素分析实验监测报告的编制。

6.2　实验原理

　　γ 射线，又称 γ 光子，是原子核能级跃迁蜕变时释放出的光子，是波长短于 0.01 埃的电磁波。光子与物质的相互作用是一种随机事件，单个光子穿过物质时，有且只会发生两种情况，要么被物质吸收或者转化为次级粒子，要么不发生任何作用而直接穿过。一旦发生相互作用，入射光子的能量将被全部或者部分转换为电子能量，这些能量在物质中沉积，通过 γ 能谱仪，这个能量沉积过程，将被记录在 γ 能谱仪中，进而形成 γ 能谱图，通过谱分析软件，完成物质中 γ 核素的识别和活度计算。

　　最常见的 γ 光子的能量范围为 0.01～10 MeV，在该能量范围内主要发生三种过程：光电效应、康普顿效应和电子对生成。图 6-1 描述了这三种相互作用的相对重要性.当光子能量在 0.8～4 MeV 之间时，不论吸收物质的原子序数 Z 是多少，康普顿效应都占主导地位；对中等 Z 的物质，光子能量在低能区时，光电效应占优势，而在高能区，电子对效应占优势。

　　环境监测中，常见的 γ 核素发射的 γ 射线能量通常在 0.01～3 MeV 之间，这个能量范围的光子主要通过光电效应和康普顿散射与物质相互作用。当入射光子打入探测器时，会引发光电效应。若入射光子能量与探测器发生光电效应产生的次级特征 X 射线能量完全沉积在探测器中，就在 γ 能谱上形成了一个峰，

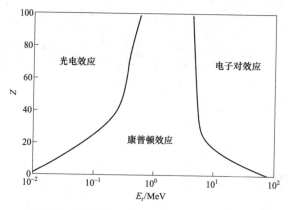

图 6-1　γ 射线的三种主要相互作用的关系图

称为"全能峰"。而如果部分光子逃逸未被吸收，就在 γ 能谱上形成另一个峰，叫"光电峰"。光电峰和全能峰的区别取决于探测器尺寸、探测器的能量分辨率和核素所发射的特征 X 射线的能量等因素。在 γ 能谱的测量与分析中，实际上是分析入射光子与探测器的相互作用产生的光电吸收效应形成的全能峰。全能峰的位置与幅度决定了入射光子的能量和强度，从而实现了核素的识别和核素活度的确定。康普顿效应是指入射光子与探测器发射非弹性散射，将一部分动能转移给电子，使电子脱离原子并形成反冲电子，同时光子损失能量并改变运动方向成为散射光子。反冲电子将所有能量沉积到探测器中。由于散射可以在各个角度方向上发生，所以反冲电子的能量可能为零至与入射方向相反时的最大值之间连续分布，形成了 γ 能谱图上的"康普顿坪"。在 γ 能谱的测量与分析中，康普顿坪是必然会碰到的本底信号。

6.3　适用范围

本实验讲义适用于环境中大气气溶胶、土壤、地表水和生物等介质中的实验室 γ 核素分析，也适用于核设施周边环境介质中的实验室 γ 核素分析。

6.4　人员与职责

（1）实验人员

负责按照本细则对待测试环境介质中 γ 核素进行实验室 γ 核素分析。分析工作须有两名及以上实验人员才能进行。

（2）指导人员

除去实验室人员，如有必要，可增加一名熟悉分析流程和相关标准法规的核查人员进行全程监督，负责对分析操作是否符合规范以及检测结果数据是否准确进行核查。

6.5　实验设备

目前，实验室 γ 核素分析常用设备主要为低本底高纯锗（HPGe）γ 能谱仪。低本底高纯锗（HPGe）γ 能谱仪主要由铅屏蔽室、半导体探测器、电子学系统和数据处理系统组成，其工作原理如图 6-2 所示。高纯锗探测器用来捕获待测物质发射的 γ 射线与探测器晶体作用后产生的脉冲信号；电子学系统是用来处理探测器输出信号的系统，包括放大作用和存储作用；数据处理系统计算处理电子学系统存储的数据，它主要由计算机软硬件构成，软件设备主要包括解析 γ 谱图的各种程序，包括能量刻度、效率刻度、寻峰、峰面积计算和重峰分析等；铅屏蔽室主要是通过由铅等屏蔽材料组成的屏蔽室，为测量提供一个低本底的环境，提高设备检出能力。

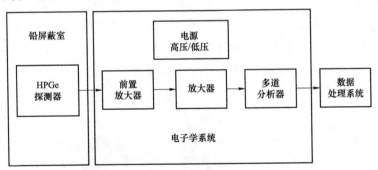

图 6-2　低本底高纯锗 γ 能谱仪工作原理图

高纯锗是杂质浓度低于 10^{10} 原子/cm³ 的锗晶体。在其外层覆盖特殊金属层，并在其两端加上高压，就是简单的探测器模型。当 γ 射线通过探测器时，会与锗晶体发生相互作用，产生电子-空穴对，由于高压场的存在，电子、空穴产生的脉冲电信号就会在两极富集，通过电子学系统收集，最终形成 γ 能谱。高纯锗探测器是 γ 谱仪系统的核心部件，常用探测器根据晶体的形状可以分为 P 型、N 型和宽能型。在实际工作中，应根据实际情况来选择适合的高纯锗探测器，包括待测样品的质量和形状，待分析核素的能量区间、样品活度、探测下限，以及测量环境是否存在中子辐射等，高纯锗探测器如图 6-3 所示。

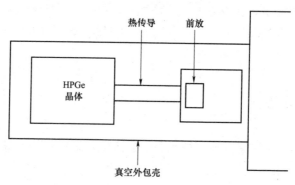

图 6-3　高纯锗探测器

电子学系统主要包括放大器和多道分析器，放大器分为前置放大器和主放大器。前置放大器与锗晶体一同封装在探测器里，主要作用是放大物质相互作用产生的脉冲电信号；主放大器集成在多道分析仪中，其作用是进一步放大前置放大器输入的脉冲电信号，以达到多道分器处理量级。多道分析器一般包括两个主要部分，一部分是模数转换器（ADC），另一部分是按类存储计数的存储器。多道分析器的主要作用把脉冲电信号这一连续分布的模拟量，按照一定的电信号强度分成若干份，再统计各类电信号强度时的计数。在计数过程中，首先通过模数转换，将脉冲电信号的强度转换为计数，在计数存储器中按照不同的道址码对应的脉冲电信号强度进行记录存储，最后在计算机软件中形成 γ 能谱图。常见的电子学系统如图 6-4 所示。

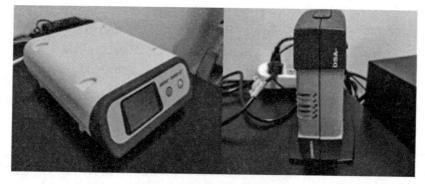

图 6-4　常见的电子学系统

铅屏蔽室，狭义来讲是与实验室低本底 γ 能谱仪配套的，主要由铅以及一些内衬金属做成的圆柱形的铅室。而广义的铅屏蔽室还包括生态环境部辐射环境监测技术中心的低本底实验室、中国辐射防护研究院的地下铁室以及中国锦屏地下实验室等屏蔽室。狭义的铅室能屏蔽吸收环境中的电子、光子与质子,在实验室γ核素分析中,只需考虑宇宙射线中的μ子和中子,而广义的屏蔽室,如中国锦屏地下实验室,基本上能完全屏蔽环境中的所有辐射。铅屏蔽室如图6-5所示。

图6-5 常见的铅屏蔽室和中国锦屏实验室模型

数据处理系统,即为计算机的软硬件系统,通过计算机中安装的谱分析软件,实验人员能够优化低本底高纯锗γ能谱仪的硬件参数,获取γ能谱图,利用软件自带的核素库,实现核素识别分析。在通过测量标准物质,建立设备的能量刻度与效率刻度曲线,能计算出待测样品中核素的活度。图6-6为常用的谱分析软件界面。

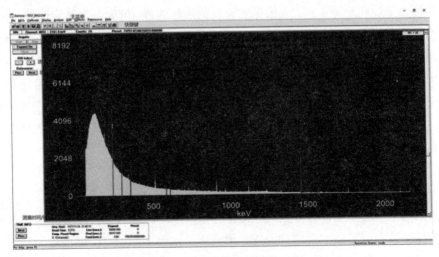

图6-6 常用的谱分析软件界面

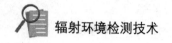

6.6 方法依据

1.《高纯锗 γ 能谱分析通用方法》（GB/T 11713-2015）。

2.《环境空气气溶胶中 γ 放射性核素的测定滤膜压片 / γ 能谱》（HJ 1149-2020）。

3.《土壤中放射性核素的 γ 能谱分析方法》（GB/T 11743-2013）。

4.《水中放射性核素的 γ 能谱分析方法》（GB/T 16140-2018）。

5.《生物样品中放射性核素的 γ 能谱分析方法》（GB/T 16145-2020）。

6.7 实验流程

实验室 γ 核素分析操作主要包括两部分：样品前处理和上机测量与结果分析。

6.7.1 样品前处理

辐射环境监测中，常见的环境介质主要包括大气气溶胶、土壤（或河湖沉积物）、水（或放射性废水）和生物（动、植物）等。按其形态，可以分为固态样品、气态样品和液态样品 3 大类。

（1）固态样品

对于固态样品，前处理过程大致包括干燥、碾磨和装样三个步骤。干燥又分为加热干燥和冷冻干燥，应根据实验目的进行选择，例如对含核素碘的样品，烘干温度要低于 80 ℃或者用冷冻干燥至恒重，防止碘升华损失；通过研磨机将样品磨碎，颗粒度在 40～60 目，在处置多个样品时，应保持研磨容器清洁，防止交叉污染；最后将研磨好的样品装入清洁的样品盒中，在装入样品的过程中应不断抖动样品盒，使样品紧实，避免样品在测量过程中松动。对于环境样品，封装完成后，称量样品净重，静置 3～4 周，使待测样品中的核素的母子体重新再平衡。

（2）气态样品

使用大流量空气采样器采集标准状态下不低于 10 000 m³ 气溶胶样品，将受尘面向上平放在工作台上折叠，推荐优先按照图例 6-7 所示方法折叠.将折叠好的滤膜放入用酒精棉清洁过的压片模具中，使用不低于 10 吨的压力压至成型，压制时间不低于 2 min。对于环境样品，为提高其探测限，在样品完成封装以后，需要冷却 1 周时间，待样品中的氡及其子体衰变消失。

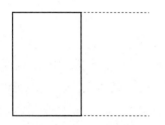

滤膜沿长边均匀对折后再打开得
对折折痕

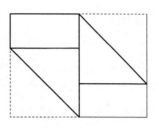

两个对角向对折折痕内折

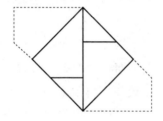

其余两个对角再向对折折痕内折，
折成正方形的形状

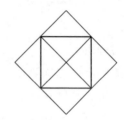

正方形的4个角分别向中心点内折，
重复该步骤，直至可塞入压片机模具

图 6-7　滤膜折叠示意图

（3）液态样品

对于环境样品直接使用蒸发法、共沉淀法、离子交换法和萃取法将待测核素浓集，封装。常用蒸发浓缩法的操作程序如下。

a）将所采样品分步转移至蒸发容器（如瓷蒸发皿或烧杯中）。

b）使用电炉或沙浴加热蒸发容器，在 70℃ 下蒸发，避免碘等易挥发元素在蒸发过程中的损失。当液体量减少一半时，加入剩余样品，继续浓缩但注意留出少量样品洗涤所用容器。

c）液体量很少时，将其转移至小瓷蒸发皿中浓缩。使用过的容器用少量蒸馏水或部分样品洗涤，并加入浓缩液中。遇到器壁上有悬浮物等吸附时，用淀帚仔细擦洗，洗涤合并入浓缩液。

d）将浓缩后的液体转移至测量容器马林杯，用 c）的方法洗涤使用过的容器。

e）冷却后盖上测量容器盖，注意密封（必要时使用粘合剂），即可用于测量。

6.7.2 上机测量与分析

（1）实验前准备

高纯锗 γ 能谱仪应在恒温恒湿的密闭实验室工作，以温度 20 ℃、湿度 40% 为宜。上机测量前，要检查设备各硬件部分是否连接正常，检查液氮体积或冗余制冷系统（Mobius）各项参数是否正常，如液氮体积、压力、功率等。探头回温后需经在制冷环境中冷却 24 h 方可重新使用。所有设备正常以后，打开计算机主机，进入测量软件程序，根据设定好的探头参数以及电子学系统参数，将能量刻度源直接放在探头上获取 γ 谱图，如特征峰位与原刻度保持不变（△CHN≤1），即可测量待检样品。进入测量软件程序后，所有测量参数未经允许禁止私自改动。

（2）测量与分析

将封装好的样品放在探测器上方正中心位置处，按照预先设置好的测量条件，点击开始测量。测量完成后，保存测量能谱图。再重新测量能量刻度源，如特征峰位与原刻度位置保持不变（△CHN≤1），则本次测量仪器设备质量控制满足要求。

γ 能谱图谱分析是实验室 γ 核素分析重要组成部分，主要包括建立核素库、能量刻度、效率刻度和标记全能峰位置（ROI）等，各分析功能在谱分析软件中都有对应的模块，以常用的堪培拉公司 Genie2000 软件为例，对各主要分析功能使用及其作用做如下介绍。

（3）能量刻度

一台新的高纯锗 γ 能谱仪，要实现核素识别功能，首先应对该设备进行能量刻度。能量刻度是基于谱仪系统中多道分析器的线性放大原理，即道数的高低对应着核素能量的大小，道数与能量之间是线性关系。一般至少需要两个已知能量的坐标点，就能在能量与道数的坐标系中确定能量与道数的一一对应关系，在《高纯锗 γ 能谱分析通用方法》中明确要求，用于能量刻度的 γ 核素的能量应均匀分布在所需刻度的能区（通常为 40～2 000 keV），且最少需要 4 个能量点。在 Genie2000 中，能量刻度的步骤如下：

a）采集已知核素的 γ 能谱图。用于能量刻度的核素，能量应均匀分布在所需刻度能区，还应尽量选择单能核素，其发射特征 γ 射线的概率要足够大。图 6-8 为 ^{241}Am、^{137}Cs、^{228}Ac、^{60}Co 和 ^{40}K 等核素的 γ 能谱图。

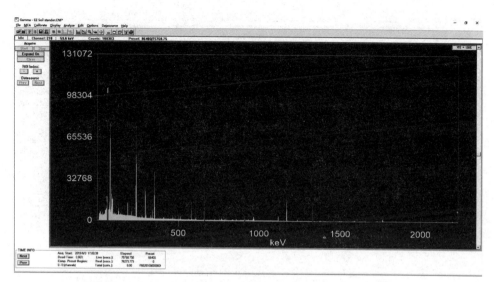

图 6-8 ^{241}Am、^{137}Cs、^{228}Ac、^{60}Co 和 ^{40}K 等核素的 γ 能谱图

b）在菜单栏 Calibrate 弹出框中，选择 Energy Full 中 By Entry 菜单，依次标记至少 4 个能量点，如图 6-9 所示。

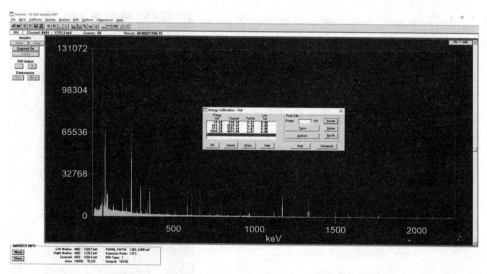

图 6-9   在已知核素的 γ 能谱图中标记已知的能量点

c）点击 By Entry 弹出框中的 Show 按键，弹出如 6-10 所示的能量刻度曲线图。

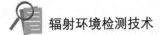
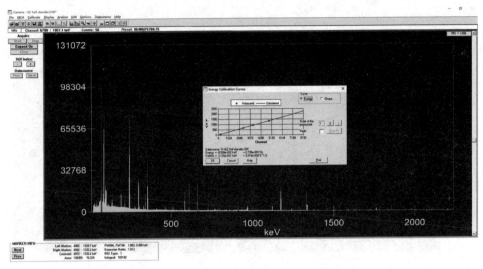

图 6-10　4 个能量点确定的能量刻度曲线图

（4）建立核素库

核素识别除了需要获得待测核素的能量以外，还需要一个包括大多数核素信息的数据库，即为 γ 核素分析的核素库，核素库中存储有核素的种类、半衰期和发射概率等信息。通过测量谱图中全能峰包含的核素信息与核素库中已知的核素进行匹配，达到核素识别的目的。在谱分析软件中，基本都建立全核素种类的核素库，但很多核素的特征 γ 射线的能量相差甚微，如果 γ 能谱仪探测器的分辨率达不到两条特征 γ 射线能量之差时，使用全核素种类的核素库就很难识别出待测核素，所以有时需要按照实验的具体要求，自己建立新的核素库。下面介绍新建核素库的具体步骤。

a）选择计算机开始菜单→所有应用→GENIE2000→Nuclide Library Editor，打开核素库编辑器，如图 6-11 所示。

b）在打开的 Nuclide Library Editor 程序中选择菜单栏 Option→Extract→Open→选择核素库文件→Select，如图 6-12 所示。

图 6-11　核素编辑器打开顺序

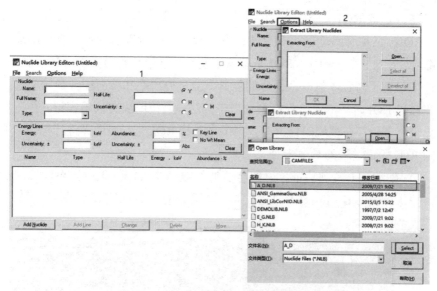

图 6-12　打开全核素种类的核素库文件

c）在打开的核素库文件中，挑选出需要的核素→点击 OK→新选择的核素就在 Nuclide Library Editor 框中显示→点击菜单栏 File→Save as，完成新核素库建立如图 6-13 所示。

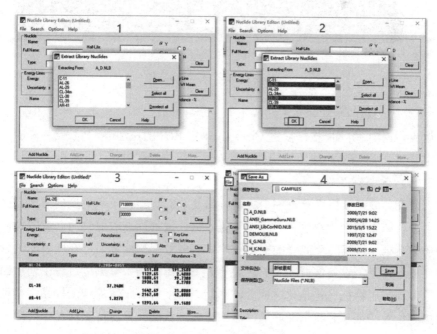

图 6-13　完成建立新核素库

（5）选取 ROI

ROI，又称感兴趣区，在 γ 能谱图中代表 γ 核素发射的特征 γ 射线形成的全能峰。在 γ 核素分析中，ROI 是核素识别和核素活度计算中的关键步骤之一，ROI 中包含了特征 γ 射线全能峰的能量、能量分辨率和峰面积计数等信息。一般在标记 ROI 时，常用谱分析系统自带算法，直接用快捷按键标记，在测量核素比较复杂，存在重峰等情况时，则手动选择 ROI 的左右边界进行标记。下面介绍 ROI 标记过程的具体步骤。

a）在谱图上找到特征 γ 射线全能峰的波峰位置，将光标移至波峰的最高点，按快捷键 Ctrl + Insert，即完成 ROI 的自动标记，如图 6-14 所示。

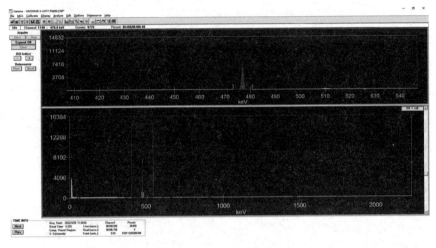

图 6-14　ROI 的自动标记

b）当相邻两全能峰左右边界不能完全分开时，则需要手动标记 ROI 的左右边界，在谱图界面，按快捷键 Ctrl + L，确定 ROI 的左边界，按快捷键 Ctrl + R，确定 ROI 的右边界，然后按快捷键 Insert，手动标记 ROI，如图 6-15 所示。

（6）效率刻度

效率刻度是 γ 核素分析中最关键、最复杂的步骤，效率刻度的好坏直接决定了分析结果的准确程度，效率刻度是 γ 谱仪量测标准放射物质（或放射源）中核素特征 γ 射线的全能峰的探测效率。完成效率刻度以后，在同等的测量条件（放置位置、设备性能和实验环境等）下，测量与效率刻度过程中使用的标准放射性物质特征（包括化学成分、形状、密度等）一致的待测样品，通过比对相同位置特征 γ 射线全能峰的峰面积计数，就能计算出待测样品中对应核素的活度。目前，效率刻度主要有两种方法：有源效率刻度和无源效率刻度。

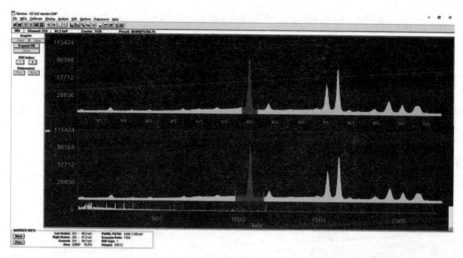

图 6-15　自动标记与手动标记 ROI 左右边界

有源效率刻度就是使用已知活度的放射源进行刻度。该方法应结合实际监测工作的需要，尽量制备与待测样品特征一致的放射性标准物质，当待测样品与标准物质存在明显的差异时应进行修正。有源效率刻度方法步骤如下：

首先，根据实验目的购买或制备已知活度的标准物质，将购买或制备好的标准物质放置在探测器上进行测量，放置时记录标准物质放置的位置，在测量好的标准物质的 γ 能谱图上标记 ROI，通过已知的活度，计算特征 γ 射线全能峰的探测效率。如图 6-16 所示。

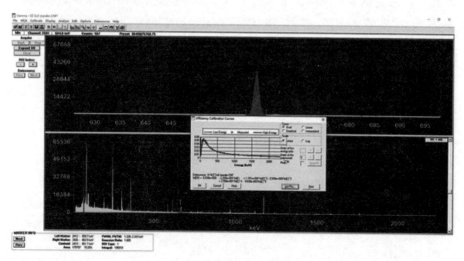

图 6-16　有源效率刻度

在测量过程中，要做到待测样品与标准物质的特征一致非常困难，样品几何修正、密度修正等在所难免，样品制备非常困难，特别是某些稀有核素，而且多能核素还可能存在符合相加等问题，有源效率刻度方法常被限制。无源效率刻度完美解决有源刻度方法存在的诸多问题，它是利用蒙特卡罗模型进行任意空间、任意物质的效率计算。首先，对探测器的组成部件进行物理参数表征，包括晶体的尺寸、死层的厚度等，将表征参数导入蒙特卡罗模型内，通过测量点源在距探测器相同距离不同位置的空间 7 个点的探测效率，在蒙卡模型中积分计算，获得该探测器的本征效率曲线，该曲线即为该探测的标准曲线。如图 6-17 所示。

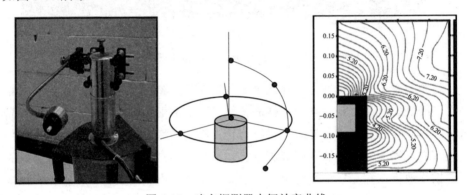

图 6-17　建立探测器本征效率曲线

其次，在蒙特卡罗模型中输入待测样品及样品盒的几何形状参数和材料组分参数，通过多项式计算，获得待测样品的无源效率刻度曲线，如图 6-18 所示。

（7）原始数据记录与处理

在原始数据记录表格中填写相关的内容，例如使用的设备信息、检定有效期、测量日期，样品的采样时间、制样时间，以及使用的方法标准等。在根据前述谱图分析的内容，填写分析出的核素种类及其对应的特征 γ 射线能量、发射概率、全能峰净面积以及探测效率等信息。最后按照公式：

$$A = N/(T \times \eta \times \varepsilon) \tag{6.1}$$

A：待测样品 γ 核素的活度，Bq

N：待测样品 γ 核素特征 γ 射线全能峰净面积，即特征 γ 射线的净计数

η：待测样品 γ 核素特征 γ 射线的发射概率

ε：待测样品 γ 核素特征 γ 射线的探测效率

T：测量活时间，s

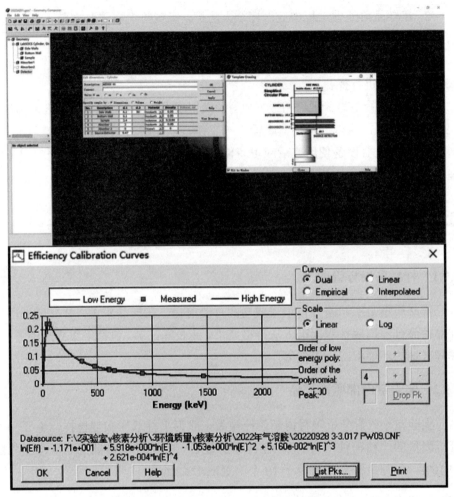

图 6-18　待测样品的无源效率刻度曲线

（8）出具实验报告

按照实验的目的，依据原始数据记录，编制实验分析报告。如有需要，须给出不确定度报告。

6.8　注意事项

1. 实验人员应当了解并遵守实验室具体要求。设备使用人员必须经过专业培训或由专业人员指导，应遵守设备操作规程；保持实验室干燥、无尘，温度湿度恒定，禁止开窗；保证室内用水用电安全，禁止在室内吸烟、进食。

2. 在样品前处理过程中应做好个人防护，佩戴防尘口罩和橡胶手套；使用研磨机时，严格按照设备操作规程，避免实验事故。

3. 禁止私自更改设备固有参数，如因测量需更改，应告知设备管理人员，获得允许后可进行操作。

4. 取放刻度标准源要严格遵守放射源操作规程，注意对探测器的表面沾污。

5. 测量前，应做好样品盒表面去污工作，以免沾污探测器。

6. 室内仪器设备使用完后应填写使用记录，如发生异常应立即报告设备管理人员。

6.9 质量保证

6.9.1 样品采集与管理

样品质量是实验室分析项目成功的首要前提。在样品采集，样品前处理及样品存储过程均应按照标准方法严格要求，并做好记录。包括采集样品的方法，采样区域的环境状况、天气等。

6.9.2 实验室内部质控样品

实验室 γ 核素分析项目内部质控样品一般为平行双样和复检样，主要为了分析测量的"精密性"。内部质控样品的数量一般可抽取该批次测量样品总数的 10%，如测量样品数量少于 10 个，则取 1～2 个。

6.9.3 设备期间核查与检定

一台低水平的放射性测量装置，其本底计数或对同一稳定放射源的计数满足泊松分布是它工作正常的必要条件。可选择测量本底感兴趣区计数（一般 50～2 000 keV）计数或测量某一核素全能峰计数 10～20 次。按如下步骤进行：

a. 测量次数为 n；

b. 读取本地感兴趣区计数或核素全能峰计数，计算计数平均值 N、标准差 S；

c. 计算 χ^2，公式为：

$$\chi^2 = \frac{(n-1)S^2}{N} \tag{6.2}$$

d. 查 χ^2 分布的上侧分位数表确认是否满足泊松分布。

6.10　实验案例

对采集于某场所的环境土壤样品进行 γ 核素分析。

6.10.1　样品前处理

1. 将采集的环境土壤样品放入搪瓷盘中自然风干至恒重；

2. 将风干后的土壤样品过粗筛，然后将过筛后土壤样品中的植物根茎、小石子等挑出去除；

3. 将以上过筛挑选过的土壤样品放入研磨机中研磨；

4. 将研磨后的土壤样品装入样品盒中，在装样过程中应不断抖动样品盒，压实塞紧，盖上样品盒盖子，并清洗样品盒表面的脏物；

5. 在清洗干净的样品盒上贴上标签纸，记录样品制备时间、样品净重量等信息；

6. 将制备好的样品放置在实验室待测样品区，静置 3～4 周后方可上机测试图 6-20（a）。

6.10.2　上机实验与数据分析

1. 检查设备各硬件部分是否连接正常，检查液氮冗余制冷系统各项参数是否正常，如液氮体积、压力、功率等。

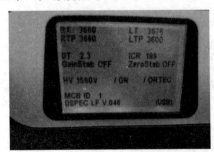

图 6-19　多道开机显示界面

2. 打开测量软件程序，根据设定好的探头参数以及电子学系统参数，将能量刻度源直接放在探头上获取 γ 谱，如特征峰位与原刻度保持不变（△CHN≤1），即可测量待检样品。

3. 将制备好的样品放在探测器上方正中心位置处，按照预先设置好的测量

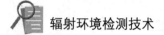

条件，点击开始测量。测量完成后，保存测量能谱图。

4. 再重新测量能量刻度源，如特征峰位与原刻度位置保持不变（$\triangle CHN \leqslant 1$），则本次测量仪器设备质量控制满足要求。

5. 测量样品盒的直径、壁厚、高度等物理参数，计算待测样品的密度，通过测量或者查阅资料等方式获得待测样品的化学组分。

6. 将样品盒与样品的各参数输入在 Geometry Composer 软件。Editdimensions-Cylinder 对话框中，通过多项式 $\overset{\text{eff}}{\sim}$ 计算，获得待测样品的无源效率刻度曲线。

7. 在谱分析软件中，打开待测样品的测量谱图，加载 6 步骤中获得的无源效率刻度曲线，标记 ROI 区域，在原始数据表格中记录特征峰中心位置的能量、探测效率、特征峰净计数以及计数不确定度等信息，计算 γ 核素的活度图 6-20（b）。

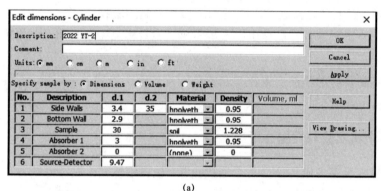

(a)

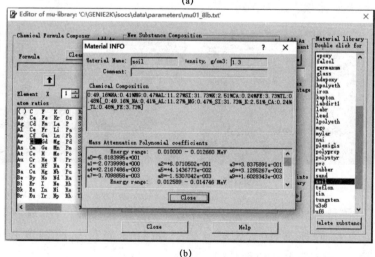

(b)

图 6-20　Editdimensions-Cylinder 对话框

6.10.3 实验数据记录

采样地址：<u>西南科技大学国防科技学院实验室</u>　采（接）样日期：<u>2022.04.11</u>
仪器名称、型号及编号：<u>高纯锗 γ 能谱仪 BE5030 078</u>　分析日期：<u>2022.08.31</u>
分析方法：<u>《土壤中放射性核素的 γ 能谱分析方法》GB/T 11743-2013</u>
仪器检定（或校准）日期：<u>2022.04.12</u>　　　　　其他：_____

共 1 页　第 1 页

样品名称				取样量		分析活时间 T	
实验室土壤样品				139.72 g		86 400	
核素	能量	发射概率 η	探测效率 ε	全能峰净计数 N		活度 A	
				数值	不确定度	平均值	不确定度
^{238}U	63.29	0.048	0.090 62	1 065	121	20.3	/
^{226}Ra	609.31	0.448	0.026 52	2 339	66	16.3	/
^{232}Th	911.21	0.266	0.018 66	2 714	65	3.44	/
^{40}K	1 460.82	0.107	0.012 68	8 862	97	541	/
^{210}Pb	46.54	0.040 5	0.071 72	2 080	109	59.3	/
^{137}Cs	661.66	0.851	0.024 68	609	41	2.40	/
			（以下空白）				

备注：

$$A = N/(T \times \eta \times \varepsilon)$$

A：待测样品γ核素的活度，Bq
N：待测样品γ核素特征γ射线全能峰净面积，即特征γ射线的净计数
η：待测样品γ核素特征γ射线的发射概率
ε：待测样品γ核素特征γ射线的探测效率
T：测量活时间，s

分析：陈小江　　　　　校核：陈遥　　　　　负责人：谢华

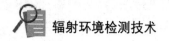

6.10.4　结果报告

检 测 报 告

报告编号：FHJC2022006 号

　　项目名称：　<u>西南科技大学国防科技学院实验室场地调查</u>

　　委 托 方：　<u>西南科技大学国防科技学院教材编制委员会</u>

　　检测类别：　<u>　　　　　委托检测　　　　　</u>

　　报告日期：　<u>　　　　年　　月　　日　　　</u>

（盖　章）

一、分析内容

我实验室于 2022 年 8 月 31 日对西南科技大学国防科技学院实验室实验室场地调查环境土壤进行了 γ 核素分析。检测样品包括 1 个固体样品。固体样品用 ϕ50 mm×35 mm 聚乙烯样品盒封装，样品净干重量为 139.72 g，封样时间为 2022 年 6 月 2 日，实验测量活时间为 86 400 s。

二、检测项目

土壤中 γ 核素。

分析相关情况见表 6-1。

表 6-1　分析相关情况

	仪器名称及编号	检定（校准）信息	仪器参数	使用环境	备注
检测仪器	BE5030 高纯锗 γ 能谱仪（078）	证书编号：Dlhd2022-01741 校准日期：2022.04.12 校准单位：中国计量科学研究院	能量分辨率：0.85 keV@122 keV，1.85 keV@1 332.5 keV 探测效率：50%	符合设备使用环境	

三、分析方法及方法来源

分析方法及方法来源见表 6-2。

表 6-2　分析方法及方法来源

项目	分析方法	方法来源	探测限 LLD（95%置信度，$K=2$）	备注
γ 核素	《土壤中放射性核素的 γ 能谱分析方法》	GB/T 11743-2013	LLD^{40}K：4.14 Bq/kg LLD^{137}Cs：0.480 Bq/kg LLD^{226}Ra：1.06 Bq/kg LLD^{238}U：8.00 Bq/kg LLD^{232}Th：2.09 Bq/kg LLD^{210}Pb：10.2 Bq/kg	探测限为本次测量使用方法和仪器的综合技术指标

四、检测结果

检测结果见表 6-3。

表 6-3　土壤样品 γ 核素检测　　　　单位：Bq/kg

样品名称	核素	活度浓度	备注
西南科技大学国防科技学院实验室实验室场地调查环境土壤样品	^{226}Ra	16.3	—
	^{232}Th	45.3	—
	^{137}Cs	2.40	—
	^{238}U	20.3	—
	^{210}Pb	59.3	—
	^{40}K	541	—

备注：本次活度浓度计算使用无源效率曲线法。

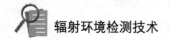

　　　　　　　　　　　（以下空白）
_____

　　编制：陈小江；　　　　审核：谢华；
　　日期：2022 年 9 月 20 日；

6.11　实验数据记录表格

采样地址：_____　　采（接）样日期：_____

仪器名称、型号及编号：_____　　分析日期：_____

分析方法：_____

仪器检定（或校准）日期：_____　　其他：_____

共　页　第　页

样品名称				取样量		测量活时间 T	
核素	能量	发射概率 η	探测效率 ε	全能峰净计数 N		活度 A	
				数值	不确定度	平均值	不确定度

备注：

$$A = N/(T*\eta*\varepsilon)$$

A：待测样品 γ 核素的活度，Bq

N：待测样品 γ 核素特征 γ 射线全能峰净面积，即特征 γ 射线的净计数

η：待测样品 γ 核素特征 γ 射线的发射概率

ε：待测样品 γ 核素特征 γ 射线的探测效率

T：测量活时间，s

分析：　　　　　　　　　　校核：　　　　　　　　　　负责人：

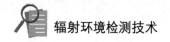

6.12   名词解释

本征探测效率：用以表示探测器本身性能的参数。它等于记录的脉冲数与入射到探测器灵敏体积内的 γ 光子数的比值。

相对探测效率：在源至探头前表面距离为 25 cm 时，高纯锗探测器和标准的圆柱形碘化钠闪烁晶体（$\phi \times h$：7.62 cm×7.62 cm）探测器测量 ^{60}Co 源 1 332.5 keV γ 射线的全吸收峰面积之比。

能量分辨率：探测器分辨能量不同却又非常相近的入射 γ 射线的能力。能量分辨力与入射 γ 射线能量有关，对于指定能量的单能 γ 射线，常用该能量的全吸收峰的半高全宽度来表示。

本底：无被测辐射源（样品）时，其他因素，如宇宙射线、放射性污染、电磁干扰等在所研究的谱的能量区间造成的计数。

探测下限：在给定的置信度下，谱仪可探测的最低活度。

6.13   思考与拓展

高纯锗探测器相比碘化钠探测器有什么优点？

七、工频电场/磁感应强度
检测指导

7.1 实验目的

　　基于国家相关标准，使用电磁辐射分析仪器对高压输变电项目周围环境的工频电场强度和工频磁感应强度进行检测实验。使学生通过本实验，能基本了解本实验所涉及的标准和准则，掌握现阶段探测技术水平下工频电场强度和工频磁感应强度检测的全过程。了解数据的处理以及工频电场强度和工频磁感应强度检测报告的编制。

7.2 实验原理

　　实验原理如图 7-1 所示。

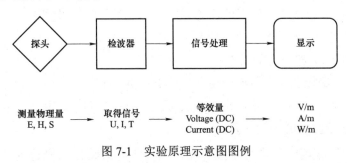

图 7-1　实验原理示意图图例

　　偶极子和检波二极管组成探头，这类仪器由 3 个正交的 2～10 cm 长的偶极子天线、端接肖特基检波二极管、RC 滤波器组成。检波后的直流电流经高阻传输线或光缆送入数据处理和显示电路。当 $D \ll h$ 时（D 偶极子直径，h 偶极子长度）偶极子互耦可忽略不计，由于偶极子相互正交，将不依赖场的极化方向。探头尺寸很小，对场的扰动也小，能分辨场的细微变化。偶极子等效电容 C_X、电感 L_A 根据双锥天线理论求得：

$$C_A = \frac{\pi \cdot \varepsilon_0 \cdot L}{\ln \dfrac{L}{a} + \dfrac{S}{2L} - 1} \tag{7.1}$$

$$L_A = \frac{\mu_0 \cdot L}{3\pi} \left(\ln \frac{2L}{a} - \frac{11}{b} \right) \tag{7.2}$$

式中：a——天线半径；

  S——偶极子截面积；

  L——偶极子实际长度。

由于偶极子天线阻抗电容性，输出电压是频率的函数：

$$V = \frac{L}{2} \cdot \frac{\omega \cdot C_A \cdot R_L RL}{\sqrt{1 + \omega^2 (C_A + C_L)^2 R_L^2}} \tag{7.3}$$

式中：ω——角频率，$\omega = 2\pi f$，f——频率；

  C_L——天线缝隙电容和负载电容；

  R_L——负载电阻 C_A。

由于 C_A、C_L 基本不变，只要提高 R_L 就可使频响大为改善，使输出电压不受场源频率影响，因此必须采用高阻传输线。

当 3 副正交偶极子组成探头时，它可以分别接收工 x、y、z 三个方向场分量，经理论分析得出：

$$\begin{aligned}
U_{d_c} &= C \cdot |Ke|^2 \cdot [|E_x(r \cdot w)|^2 + |E_y(r \cdot w)l|^2 + |E_z(r \cdot w)|^2] \\
&= C \cdot |Ke|^2 |\bar{E} \cdot (r \cdot w)|^2
\end{aligned} \tag{7.4}$$

式中：C——检波器引入的常数；

  Ke——偶极子与高频感应电压间比例系数；

  E_x、E_y、E_z——分别对应于 x、y、z 方向的电场分量；

  E——待测场的电场矢量。

上式为待测场的厄米特幅度可见用端接平方律特性二极管的三维正交偶极子天线总的直流输出正比于待测场的平方，而功率密度亦正比于待测场的平方，因此经过校准后，U_{d_c} 的值就等于待测电场的功率密度。如果电路中引入开平方电路，那么 U_{d_c} 值就等于待测电场强度值。偶极子的长度应远小于被测频率的半波长，以避免在被测频率下谐振。这一特性决定了这类仪器只能在低于几 GHz 频率范围使用。

热电偶型探头：采取三条相互垂直的热电偶结点阵作电场测量探头，提供了和热电偶元件切线方向场强平方成正比的直流输出。待测场强为：

$$E = \sqrt{E_x^2 + E_y^2 + E_z^2} \qquad (7.5)$$

待测场强与热电偶元件的极化无关。沿热电偶元件直线方向分布的热电偶结点阵，保证了探头有极宽的频带。沿 x、y、z 三个方向分布的热电偶元件的最大尺寸应小于最高工作频率波长的 1/4，以避免产生谐振。整个探头像一组串联的低阻抗偶极子或像一个低 Q 值的谐振电路。

磁场探头：由三个相互正交环天线和二极管、RC 滤波元件、高阻线组成，从而保证其全向性和频率响应。环天线感应电势为：

$$\xi = \mu_0 \cdot N \cdot \pi \cdot b^2 \cdot \omega \cdot H \qquad (7.6)$$

式中：N——环匝数；

$\quad$ b——环半径；

$\quad$ H——待测场的磁场强度。

7.3　适用范围

本细则适用于所有电压等级的交流送电线路和变电站的工频电场强度和工频磁感应强度的检测，也可应用于能产生工频电磁场的设备及场所的工频电场强度和工频磁感应强度的检测。

7.4　人员与职责

（1）检测人员

负责按照本细则对受试设备或受试场地环境的工频电场和工频磁感应强度进行检测。现场检测工作须有两名及以上检测人员才能进行。

（2）指导人员

除去现场检测人员，如有必要，可增加一名熟悉检测流程和相关标准法规的核查人员对检测过程进行全程监督，负责对人员操作是否符合规范以及检测数据处理是否准确进行核查。

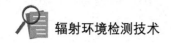

7.5　实验设备

本实验主要设备选取北京森馥科技股份有限公司研发的 SEM-600 型电磁辐射分析仪（图 7-2）配备相应的工频电磁场测量探头作为实验设备。SEM-600 电磁辐射分析仪，按照中国电磁辐射标准设计，能准确快捷地测量各种复杂的电磁环境，通过配备不同类型的探头可以测量电场强度、磁场强度（磁感应强度）以及功率密度，同时配备有普通探头和其他基于人体安全标准的计权类型探头。

实验还需要使用到测距仪和多功能气象仪等辅助设备，用于测量测量点位与辐射体之间的相对关系以及测量现场环境的风速、气压、温度、相对湿度等各种气象信息。

7.5.1　实验设备技术指标

主机：

频率范围：1 Hz-160 GHz

更新速率：1 s

显示单位：V/m，kV/m，$\mu W/cm^2$，W/m^2，mW/cm^2，A/m，μT，mT，标准计权值%

结果类型：实时值、方均根值、最大值，统计场强值

时间平均：可选平均时间 10 s～30 min

统计场强：E5，E50，E80，E95

采样间隔：1 s，自定义

数据模式：算术平均值，方均根值，统计场强

电池：充电时间 6 h，运行时间大于 8 h

工频电磁场探头

频率范围：1 Hz-100 kHz

量程：电场 5 mV/m-100 kV/m；磁场 0.1 nT～10 mT

动态范围：110 dB

最大过载：电场 200 kV/m；磁场 20 mT

7.5.2　实验设备基本原理

由三个正交的偶极子天线，端接肖特基检波二极管、RC 滤波器组成电场

强度检测回路；由三个相互正交环天线和二极管、RC 滤波元件、高阻线组成电磁感应强度检测回路。根据电磁感应原理，通过将连接有高灵敏度高精度的三向金属线圈的闭合电路置于交替变换的电磁场中，三向金属线圈通过切割交换的电、磁场产生相应的感应电流信号，通过检波后的直流电流经高阻传输线或光缆送入数据处理和显示电路，从而得出该被测电场强度、磁感应强度，设备图见图 7-2。

图 7-2　SEM-600 检测示意图

7.6　方法依据

1.《电磁环境控制限值》（GB 8702-2014）。

2.《辐射环境保护管理导则—电磁辐射检测仪器和方法》（HJ/T 10.2-1996）。

3.《交流输变电工程电磁环境监测方法》（试行）（HJ 681-2013）。

7.7　实验流程

7.7.1　检测实验环境条件要求

室外的工频电场/磁感应强度检测实验应避免在雨雪及冰雹天气情况下测量，如在测量前存在雨雪及冰雹天气，需在雨雪及冰雹停止 24 h 后方可测量。工频电场/磁感应强度检测实验受环境湿度影响极大，因此原则上禁止在相对湿度超过 80% 的环境下进行检测，如确实因需要在环境相对湿度高于 80% 的条件

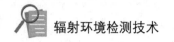

下进行检测，需作特别说明，并且该检测结果不具代表性。

7.7.2 检测前准备

设备准备：实验检测前先准备好仪器，将主机和探头以及其他附件一一点清，确保无误，主机与探头的电池应充足电，并开机检查设备运行正常。

信息收集：实验检测前需对本次实验的环境信息、敏感点（环境保护目标）信息、辐射源信息等进行收集，确定检测性质。敏感点（环境保护目标）电磁环境影响评价的范围为 110 kV 项目：距边界或边导线地面投影 30 m；220 kV 项目：距边界或边导线地面投影 40 m；500 kV 及以上项目：距边界或边导线地面投影 50 m。如输电线路为非架空线路（地下电缆管廊），则需评估地下电缆管廊中心正上方地面为起点，两侧边缘水平距离 5 m 范围内的电磁环境。

根据检测实验前所获取的信息，比如经纬度，位置信息和描述，找到并确定被测对象，记录检测时间、地点、经纬度信息、天气状况等信息，并拍照以备查证。对被测对象的特征信息，例如输电线路的电压等级，分裂状况，弧垂最低处的高度、高压线塔型、塔与塔之间的距离、回路状况、变电站的进线、出线位置及电压等级、变电站的类型、其他电磁辐射源、敏感点及周边信息，都需进行详细描述。

制定检测计划：目前以环境保护为目的的工频电场强度和工频磁感应强度主要检测对象是输电线路以及相应的变电站、开关站、串补站和换流站。主要检测范围包括对输电线路穿越或跨越处下方、变电站四周厂界外以及高压输变电项目周边的敏感点。根据检测类型的不同，又分为对拟建项目和对已建成运行项目的检测。下面分别对以上两种检测类型的检测实验计划进行简单介绍。

对于拟建的高压输变电项目，通常采用一线一站配置的方式，即根据电能输送的需要，在现有电站基础上增加一座新的电站，并新建一条输电线路连接到上一级电站。或从上一级电站建设一条输电线路连接到新建的下一级电站。以上这些配置均可视为一线一站配置。针对这种拟建项目的检测实验，主要关注该项目建设与运行是否对周围环境或者居民等敏感目标产生不利影响。

因此在进行检测布点规划时，需考虑以下布点规则：

1. 拟建变电站站址中心处设点。

2. 拟建变电站厂界四周评价范围内存在的每一处民居、学校、疗养院等环境保护目标的建筑外靠近拟建变电站一侧设点。

3. 拟建输电线路穿越或跨越其他已正常运行的输电线路处下方地面设点，

该点位通常也用作典型线位的电磁环境现状监测点位。

4. 拟建输电线路沿途两边评价范围内的民居、学校、疗养院等环境保护目标的建筑外靠近拟建输电线路处地面设点。

对已建成运行项目的检测与对拟建项目的检测之间的差别如下：

1. 需在变电站四周厂界（围墙）外 5 m 处分别进行电磁环境现状检测。

2. 需在变电站厂界（围墙）外寻找合适的位置进行该变电站的横截面检测。

3. 需在输电线路寻找合适的位置进行该输电线路的横截面检测，包括地下电缆管廊。

在对线路沿线及变电站周围各敏感点进行电磁环境现状检测时，应选择有代表性的测量点位，并远离可能影响检测数据的因素，如人体、林木、低洼地、金属构架等，以更客观、更有代表性地反映检测地点的电磁辐射情况。每个测点的 GPS 地理坐标位置应进行记录，对村庄类的现状检测点位应在条件许可的前提下尽量从工程方向靠近村庄。如存在其他高压、超高压线路等电磁环境污染源，则应增加点位，并给予说明。

对于高压输电线路横截面检测的测量路径，起点位应以档距中央导线弧垂最大处线路中心的地面投影点为测试原点（见图 7-3），沿垂直于线路方向进行测量，输电线路内点位间距为 2 m、输电线路外点位间距为 5 m（输电线路指边相导线外侧 20 m 以内的带状区域），顺序测量直至边导线地面投影点外 50 m 处或本底值处为止（输电线路的横截面检测）（见图 7-4）。在测量最大值时，两相邻点位的距离应不大于 1 m。

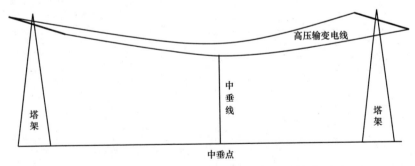

图 7-3　架空输电线路下方中垂点示意图

对于变电站厂界的横截面检测，需沿着变电站围墙外 5 m 处，以最大 50 m 为间隔，巡测一周，在工频电场强度最大值处（距进出线边导线地面投影不少于 20 m），在与围墙垂直的方向，以 5 m 为最小间隔向外测试，直至 50 m 处（电站的横截面的检测）（见图 7-5）。变电站厂界检测点位应选择在无进出线或远离进出线（距进出线边导线地面投影不少于 20 m）的区域布置。如有其他高压、超高压线路等电磁环境污染源存在，应增加点位，并记录下监测点位与围墙的相互关系以及周围的环境情况。

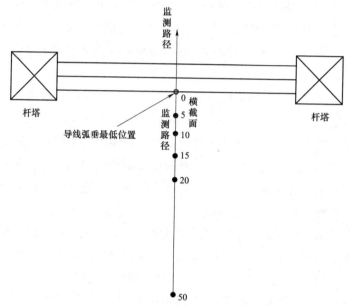

图 7-4　架空输电线路下方监测横截面示意图

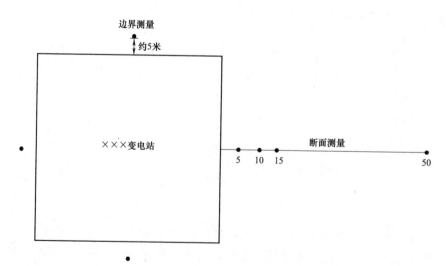

图 7-5　变电站测量点位示意图

对地下电缆管廊的检测，点位间距为 1 m，顺序进行测量，直至电缆管廊两侧边缘各外延 5 m。除电缆横断面的检测之外，如有需要，可在线路的其他位置布点检测。

对于变电站厂界内检测点位的选择，应考虑放置在变电站巡视通道，控制楼及其他电磁敏感位置。测量高压设备附近的电磁辐射环境现状时，测量探头应与该设备外壳边界保持 2.5 m 的距离，并记录下高压设备周边的最大值。

在环境保护目标建筑物外检测时的布点要求如下：

1. 应优先选择在建筑物靠近输变电工程的一侧，且距该建筑室外不少于 1 m 处布点。

2. 如必须在建筑物内进行检测，则应在距四周墙壁或其他固定物体 1.5 m 处设点。

3. 如不能满足以上距离要求，则应在建筑平面中心位置处设点，但该监测点应距四周墙壁或其他固定物体至少 1 m。

4. 如需在建筑物阳台或平台等布点检测，则应在距墙壁或其他固定物体 1.5 m 以外的区域设点；如现场无法满足上述要求，则需在阳台或平台平面中收位置设点。

在现场检测时，应将工频电磁场探头安装在专用绝缘三脚架上，三脚架的支撑杆必须是绝缘的塑料材质，高度是 1.5 m，工频电磁场探头通过光纤连接到主机上。SEM-600 型电磁辐射分析仪专用三脚架的三段木质伸缩腿完全放下时或者任意两段木质伸缩腿完全放下，再将配套的支撑杆完全伸出时，配合工频电场探头的架设，其高度刚好约为 1.5 m（见图 7-6）。测试时，测试人员应站在探头的后方，并且所有

图 7-6　工频探头测量高度示意图

人员距离探头达到 2.5 m 以上的，以避免人员对待测电场造成畸形，从而影响到测量结果。

7.7.3 操作步骤和记录观察结果

根据现场实际情况，以及实验检测要求等因素，制定出检测方案和现场检测布点方案，对预期的现场检测实验进行前期计划。

使用专用光纤数据线将主机与探头连接，按工频电磁场探头的开关机键，红灯闪烁，然后按主机的开关机键开机，自检后，进入测试页面，确认探头连接到主机并且正常工作，选择电场模式，根据现场场强选择合适的测量单位，测量数据结果类型设置成实时测量显示，根据检测的要求，选择测量所需的频率带宽（高压输变电线及变电站检测一般选择 50 Hz）。然后就可以读取数据。

在输变电工程正常运行时间内进行检测。若读数稳定，则每隔 15 s 读取一个数值；如果读数有大幅波动，则每 1 min 读一个数，取 5 min 的平均值为测量读数。每个检测点位需连续读取 5 个有效数据，所有读取的数据抄填进相应的原始记录表格中。如有需要，对现场检测场景进行拍照，保存拍照的电子记录，以便需要时或者自己查询时能够及时的提供。

7.7.4 仪器的具体操作规程

（1）开机前的检查

测量仪使用前先充满电。检查仪器的外观是否正常。设备主机外观与功能见图 7-7 所示。

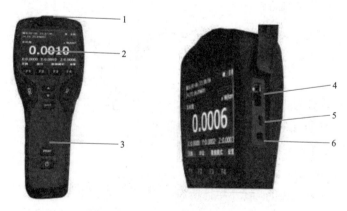

图 7-7　设备主机外观与功能图

1. 探头接口；2. 液晶显示屏；3. 功能操作面板；

4. 光纤接口；5. USB 接口；6. 充电器接口

（2）连接探头

测量仪由主机 SEM-600 和探头 LF-04 组成。

将三脚架支在平坦的地方，调节水平，使三脚架的塑料延伸杆垂直于地面，延伸杆的顶端到地面的高度为 1.5 m。先松开三脚架的紧固螺钉，将 LF-04 探头的底部螺孔对准延伸杆的螺柱，顺时针拧动延伸杆，将螺柱拧入探头的螺孔中直至探头和延伸杆可靠连接不松动。将三脚架的延伸杆紧固螺钉拧紧即可。将光纤一端连接探头，一端连接主机。如图 7-8 示意连接完成。

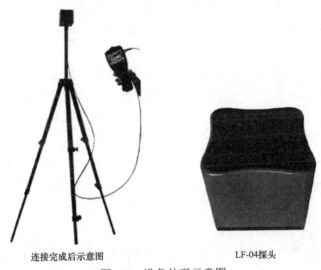

连接完成后示意图　　　　　　　LF-04探头

图 7-8　设备外观示意图

（3）开机检查

安装完成后先按探头下方红色按钮打开，再长按主机 开机，仪器开机自检，自检完毕后进入测量主页面，检查是否显示探头的连接信息。

主机主显示界面如图 7-9 所示。

图 7-9　主机主显示界面示意图

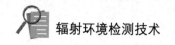

（4）检测步骤

第一步：通过按屏幕下方 F1 键，直到切换到所需的测量项目"电场""磁场"或"电磁场"。通过按屏幕下方的 F3 键，将测量结果类型调至"实时"。

第二步：通过按屏幕下方左边第二个功能键 F2，切换"宽带频率"。

第三步：选择合适的测试点位后记录仪器数据。每个测点连续测 5 次，每次监测时间不小于 15 s，并读取稳定状态的最大值。若测量读数起伏较大时，应适当延长测量时间。

第四步：数据记录方式：读取稳定状态的最大场强值数据记录在原始记录表格中。

（5）关机

检测完毕后，在关机之前要确认仪器是否正常响应及外观是否正常，将情况记录到原始记录表中。长按主机开机键 3 秒，松手即可关机。探头按下方红色按钮关闭。

（6）状态恢复

确保主机和探头关闭后，先取下连接光纤，光纤头用专用橡胶保护套套住后盘起收好。取下探头，将主机、光纤、探头装回箱内，收起三脚架，装回袋中。

（7）操作注意事项

a）插入光纤时，注意方向性，并保持轻稳，避免损坏光纤插口。

b）注意安装、取下探头时，要握住探头，松开固定支撑杆用镙栓，缓慢旋转支撑杆安装、取下探头，避免损坏探头。

c）仪器轻拿轻放，防止强烈碰撞，运输时，若路况不好，将仪器放在监测车座位上，并固定，减轻碰撞。

d）新购探头投入使用前须将探头修正数据传入仪器。

e）清洗仪器时使用少许肥皂用毛巾擦拭，确保仪器内部不被打湿，最后用干毛巾擦拭保持仪器干燥。

f）设备为高精密仪器，内部修理应交由专业人员维修，禁止私自拆机。

7.7.5 实验结束

当仪器处于开机状态时，按下主机开机键 3 秒，仪器将立即关机。检查设备外表面是否有污染物，使用酒精棉将设备外表清洁干净，再将探头从主机上拆下并置于专用保护箱中，检查各零部件的完整性，如确定长期不再开机使用，也需要定期对设备主机与探头进行充电检查。

7.7.6 检测记录和数据处理

将测试数据记录于原始数据记录表中；对于输变电走廊，记录输变电线名称、线路电压、导线中垂线距地高度、塔号等。对于变电站则应记录测量位置处的距离等。对于敏感点应画出现场布置图，标注敏感点与线路之间的距离，以及测量点位。记录检测点位具体名称和检测数据，检测数据根据设备直读进行如实记录，现场禁止人为修改。

所有点位的数据通过算术平均取其 5 个测量数据的平均值为该点位的有效测量值。因该测量数据代表的是稳态电磁场的强度，同一个点位的 5 个测量数据代表的是同一个点位的不同时间段的样本，因此使用标准偏差计算公示如下：

$$\sigma(r) = \sqrt{\frac{1}{N}\sum_{i=1}^{N}(x_i - r)^2} \tag{7.7}$$

$$S = \sqrt{\frac{\sum(X_i - \bar{X})^2}{n-1}} \tag{7.8}$$

在使用 Excel 对数据进行统计处理时，可使用 STDEV（XXX：XXX）公式对所有点位的 5 个测量数据的算术平均值的标准公差进行自动计算。

7.8 出具结果报告

依据现场检测结果和最终的布点方案，按既定的报告格式出具相应的检测报告。

7.9 注意事项

7.9.1 操作注意事项

a）使用电磁辐射分析仪检测工频电场时，要注意三脚架的延伸杆要使用绝缘的塑料杆，如果使用木质延伸杆或其他的绝缘性能不好的延伸杆，可能会出现测试结果明显偏大的情况，这是由于延伸杆的静电变引起的。

b）现场检测时，探头要远离人体、树木及金属构件，否则这些物体会导致场分布的畸变，使测试结果出现较大偏差。现场检测时，人员应站在探头后至少 2.5 m 处。

c）如果在测试中出现偶发的异常值，可能是由于仪器晃动或人体靠近造成的，要放弃此类异常值，重新测试稳定状态的数值。

7.9.2　安全环保注意事项

a）检测探测器内置精密感应电子元器件，禁止磕碰；内部电子元器件对环境湿度有极高要求，禁止随意拆机，如发现探测器外壳出现破损，需第一时间用胶带封口，并置于干燥环境中第一时间送修。

b）正常运行的输电工程项目其周围均为高电磁辐射环境，在现场检测时禁止无关人员进入检测场所。检测人员进场时必须有业主方或运维方专业人员陪同。检测期间必须听业主方或运维方专业人员指挥，检测期间禁止在没有获得业主方或运维方专业人员同意的情况下私自进入任何非检测区域。一旦出现测量数值异常（超标）情况，所有测量人员须立即退出至安全区，并第一时间通知实验指导老师以及业主方或运维方，确保人员安全。

c）现场检测过程中禁止随意丢弃垃圾，保护检测环境。

7.10　质量保证

1. 建议该设备定期其他同型号的设备进行比对实验，如果有条件的，可送至有资质的检定机构进行校准或检定，以确保设备检测结果的准确性。

2. 数据修约：参考中华人民共和国国家标准数值修约规则 GB/T 8170-2008。

7.11　实验案例

本次实验指导书以百胜 220 kV 变电站周围环境的工频电场强度和工频磁感应强度检测作为案例进行介绍。

7.11.1　实验准备阶段

环境条件：检测当天无雨、无雪、无雾，通过温湿度测量仪检测环境相对湿度为 68%，温度为 10.5 ℃，可以开展检测实验。

　　设备准备：实验设备包含 SEM600 型电磁辐射分析仪、YP-700 型测距仪和 Kestrel4500 温湿度计，设备在检定有效期内，电量充足，检查仪器外观和功能，均未见异常。

　　信息搜集：检测人员通过现场勘察以及向变电站管理人员咨询，获取变电站的基本信息、环境信息、敏感点信息，记录在检测原始记录表中。

　　制定检测方案

　　根据现场实际情况，以及实验检测要求制定出检测方案。

百胜 220 kV 变电站周围的电磁辐射环境现状检测方案

本次检测项目及执行标准见表 7-1。

表 7-1　检测项目及执行标准

检测类别	检测内容	检测点位	检测项目	检测频次
电磁辐射	百胜 220 kV 变电站（共 4 个点）	厂界及周围环境敏感点	工频电场强度工频磁感应强度	检测 1 天，每点检测 1 次，每次检测 5 个数据
检测规范及评价标准	检测规范：《辐射环境保护管理导则——电磁辐射检测仪器和方法》（HJ/T 10.2-1996）《交流输变电工程电磁环境监测方法》（试行）（HJ 681-2013）			

本次检测项目现场布点图见图 7-10。

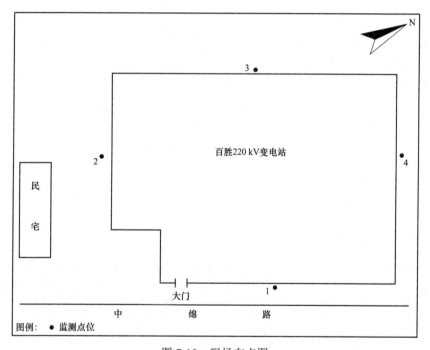

图 7-10　现场布点图

地址：绵阳市石马镇百胜 220 kV 变电站

编制：陈小江　　　　审核：陈遥

日期：2022 年 12 月 14 日

7.11.2　现场检测过程

图 7-11　现场检测过程

（a）设备开机检查；（b）1 号点位检测；（c）2 号点位检测；（d）3 号点位检测；（e）4 号点位检测

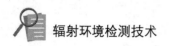

7.11.3　现场检测原始记录表

监测地点：<u>绵阳市石马镇百胜 220 kV 变电站</u>　仪器状态：<u>符合</u>　仪器名称及型号：<u>电磁辐射分析仪主机 SEM600 探头 LF04</u>　测量时间：<u>2022</u> 年 <u>12</u> 月 <u>15</u> 日　测量高度：<u>1.5</u> m　环境温度：<u>10.5</u> ℃　相对湿度：<u>68%</u>　风速：<u>0～1.0</u> m/s　天气：<u>阴</u>

共　页　第　页

序号	点位名	距离/m	类别	测量值　E：V/m　B：μT					计算结果 E：V/m B：μT
				1	2	3	4	5	
1	变电站东南侧围墙外	5	E	21.44	21.8	21.52	21.57	21.48	21.56
			B	0.026 7	0.025 4	0.027 1	0.026 3	0.026 1	0.026 3
2	变电站西南侧围墙外	5	E	101.59	101.22	101.36	101	101.27	101.29
			B	0.054 2	0.057 4	0.055 7	0.055 4	0.056 7	0.055 9
3	变电站西北侧围墙外	5	E	108.55	108.87	108.38	108.25	108.74	108.56
			B	0.069 5	0.069 3	0.068 7	0.070 2	0.068 5	0.069 2
4	变电站东北侧围墙外	5	E	58.35	58.29	58.08	58.12	58.18	58.20
			B	0.051 8	0.052 1	0.051 1	0.051 6	0.051 4	0.051 6
5	变电站西南侧围墙外民宅	21	E	4.8	4.71	4.76	4.67	4.39	4.67
			B	0.018 4	0.017 9	0.019 1	0.018 5	0.017 7	0.018 3

补充记录（说明）：

计算结果（平均值）：$\bar{X} = \dfrac{\sum_{i=1}^{n} X_i}{n}$

测量计算：陈小江　　　　　　　　审核：陈遥　　　　　　　　负责人：谢华

7.11.4 检测结果报告

检 测 报 告

报告编号：FHJC2022007 号

项目名称： 百胜 220 kV 变电站周围电磁辐射环境现状检测

委 托 方： 西南科技大学国防科技学院教材编制委员会

检测类别： 委托检测

报告日期： 年 月 日

（盖 章）

1. 检测内容

实验小组根据《百胜 220 kV 变电站周围的电磁辐射环境现状检测方案》，于 2022 年 12 月 15 日对百胜 220 kV 变电站进行检测工作。

2. 检测项目

检测项目内容、检测规范及检测环境条件见表 7-2。

表 7-2　项目检测内容、检测规范及检测环境条件

检测类别	检测点位	检测项目	检测频次	检测规范
电磁辐射	变电站东南侧围墙外	工频电场强度、工频磁感应强度	检测 1 天，每天 1 次	《交流输变电工程电磁环境监测方法》（试行）HJ 681-2013《辐射环境保护管理导则—电磁辐射检测仪器和方法》（HJ/T 10.2-1996）
	变电站西南侧围墙外			
	变电站西北侧围墙外			
	变电站东北侧围墙外			

地址：绵阳市石马镇百胜 220 kV 变电站
温度：10.5 ℃；相对湿度：68%；天气：阴；风速：0～1.0 m/s

3. 检测方法及方法来源

本次检测项目的检测方法、方法来源、使用仪器见表 7-3。

表 7-3　检测方法、方法来源、使用仪器

项目	检测方法	方法来源	使用仪器
工频电场强度、工频磁感应强度	《交流输变电工程电磁环境监测方法》（试行）	HJ 681-2013	型号：主机 SEM600 探头 LF04编号：04检出限：电 0.2 V/m、磁 1 nT检定有效期：电：2023.05.23磁：2023.05.19
	《辐射环境保护管理导则—电磁辐射检测仪器和方法》	HJ/T 10.2-1996	溯源编号：电：校准字第 202205005995 号磁：校准字第 202205004896 号

4. 检测结果

本次检测结果见表 7-4。

表 7-4　电磁辐射检测结果

检测点位	距离/m	电场强度/（V/m）	磁感应强度/μT
变电站东南侧围墙外	5	21.56	0.026 3
变电站西南侧围墙外	5	101.29	0.055 9
变电站西北侧围墙外	5	108.56	0.069 2
变电站东北侧围墙外	5	58.20	0.051 6

注：1. 以上数据均未扣除环境背景值。2. 检测布点图见附图。

本次检测项目现场布点见图 7-12。

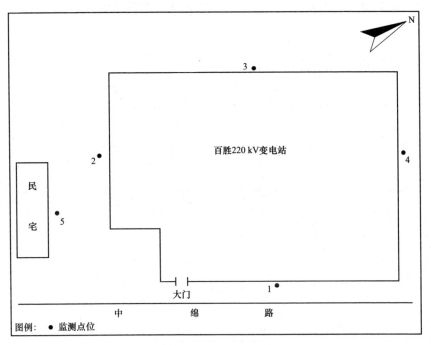

图 7-12　变电站现场详细监测布点图

（以下空白）

编制：<u>陈小江</u>；　　　　审核：<u>谢华</u>；

日期：<u>2022 年 12 月 26 日</u>

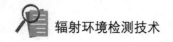

7.12 检测实验数据记录表格及现场布点图

7.12.1 检测实验数据记录表格

监测地点：＿＿＿＿＿＿＿＿＿ 仪器状态：＿＿＿＿＿＿＿＿＿ 仪器名称及

型号：＿＿＿＿＿＿＿＿ 测量时间：＿＿年＿月＿日 测量高度：＿＿＿m

环境温度：＿＿＿℃ 相对湿度：＿＿＿% 风速：＿＿＿ m/s 天气：＿＿＿

共 页 第 页

序号	点 位 名	距离/m	类别	测量值 E: V/m B: μT					计算结果 E: V/m B: μT
				1	2	3	4	5	
1			E						
			B						
2			E						
			B						
3			E						
			B						
4			E						
			B						
5			E						
			B						
6			E						
			B						
7			E						
			B						
8			E						
			B						
9			E						
			B						
10			E						
			B						
11			E						
			B						

补充记录（说明）：

计算结果（平均值）：$\overline{X} = \dfrac{\sum_{i=1}^{n} X_i}{n}$

测量计算： 审核： 负责人：

7.12.2 检测实验现场布点图

项目名称：   共 页 第 页

制图：   制图时间：   校核：

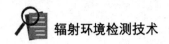

7.13　名词解释

工频电场： 电量随时间在 50 Hz 周期变化的电荷产生的电场。

工频磁场： 随时间在 50 Hz 周期变化的电流产生的磁场。

电场强度： 是用来表示电场的强弱和方向的物理量，矢量场量 E，其作用在静止的带电粒子上的力等于 E 与粒子电荷的乘积，其单位为伏特每米（V/m）。

磁感应强度： 矢量场量 B，其作用在具有一定速度的带电粒子上的力等于速度与 B 矢量积，再与粒子电荷的乘积，其单位为 T。

7.14　思考与拓展

1. 工频电磁辐射对人体有哪些危害？
2. 日常生活中我们有哪些情况会接触到工频电磁辐射？
3. 对于电磁辐射，我们可以什么防范？

八、射频综合电场强度检测实验

8.1 实验目的

根据国家相关标准，使用射频综合电场测量仪对环境中的射频电场强度进行检测实验，使学生通过本实验，掌握方法标准及检测全过程，了解数据的处理以及检测结果报告的编制，依据限值标准对检测结果进行评价。

8.2 实验原理

射频综合电场强度测量仪器通过天线接收空间的电磁辐射，并将电场转换为交变电压，将电压输入到电压测量仪表进行电压测量。天线或者其他传感器的基本作用是将电磁场转换为电压，知道电场 E 和电压 V 的转换系数，就可以从测到的电压计算出电磁场强度的数值。简而言之，电磁辐射测量仪器就是由天线和电压表两部分组成的，它利用三个互相正交的小偶极子、端接肖特基二极管、RC 滤波器组成宽带天线，接收来自空间中的宽频带电磁波，输出正比于待测电磁波场强平方的直流电流，经高阻传输线送入宽带电压测量仪表，利用开平方电路读出电压，如图 8-1 所示。

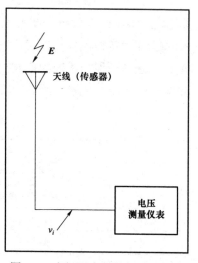

图 8-1　电场强度测量仪原理框图

8.3 适用范围

本细则适用于 2G、3G、4G 移动通信基站、电视塔、雷达等典型辐射体的

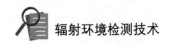

电场强度检测以及一般环境电磁环境现状的测量。

8.4　实验人员

（1）实验人员

负责按照本细则对受试设备或受试场地环境的射频综合电场强度检测。现场检测工作须有两名及以上实验人员才能进行。

（2）指导人员

除去现场实验人员，如有必要，可增加一名熟悉检测流程和相关标准法规的指导人员进行全程监督，负责对检测操作是否符合规范以及检测结果数据是否准确进行核查。

8.5　实验设备

可使用各向同性响应或有方向性电场探头的宽带辐射测量仪器，采用有方向性探头时，应在测量点调整探头方向以测出测量点处最大辐射场强值，本实验使用 NARDA 公司生产的电磁场测量仪，该设备为宽频电磁辐射分析仪，NBM550 宽带检测仪可以用于精确地检测 5 Hz～60 GHz（配备不同探头）的非电离电磁场。根据不同的检测对象或检测目的选用不同的测量探头进行电磁环境检测，实验中还需要测距仪、温湿度计等辅助设备或器具，见表 8-1 所示。

表 8-1　仪器配置表

序号	设备（器具）名称	型号	备注
1	电磁场测量主机	NBM550	
2	电磁场测量探头	EF0691	
3	测距仪	Trupulse200	
4	温湿度计	Kestrel4500	

8.5.1　实验设备技术指标

（1）主机

频率范围：5 Hz～60 GHz

结果类型（三维全向，RSS）：实时值（Actual）；最小值（Min）；最大值（Max Hold）；平均值（Average）；最大平均值（Max Avg）

存储：不低于 12 MB 闪存记录测量结果和音频文件，可存储不低于 5 000 个数据

测量单位：V/m，A/m，mW/cm^2，W/m^2，%（标准的）

更新速率：图表不低于 200 ms，数据不低于 400 ms

电池：镍氢可充电电池，4×AA 尺寸（Mignon），容量不低于 2 500 mAh

（2）EF0691 天线

频率范围：0.1 MHz～6 GHz

频率响应范围：水平

测量范围：0.2～400 V/m

动态范围：55 dB

8.6 方法依据

1.《电磁辐射防护规定》（GB 8702-2014）。

2.《辐射环境保护管理导则—电磁辐射监测仪器和方法》HJ/T 10.2-1996。

3.《辐射环境保护管理导则—电磁辐射环境影响评价方法与标准》HJ/T 10.3-1996。

8.7 实验流程

8.7.1 检测实验环境条件要求

应符合行业标准和仪器标准中规定的使用条件，测量记录表中注定环境温度、相对湿度，检测实验应在无雨、无雪、无雾的条件下进行，环境相对湿度不超过 80%。

8.7.2 检测实验前准备

设备准备：实验前按照实验需要准备好仪器和器具，仪器在使用前应清点各部件是否齐全，如电磁场测量仪包括 NBM550 主机、EF0691 探头，并保证

主机的电量充足，检查仪器外观是否有损坏，开机（按下 ON/OFF 按钮即可开机）检查设备状况，是否出现异常。

　　信息搜集：根据检测实验前所获取的信息，比如经纬度，位置信息及描述，找到并确定被测对象，记录测试时间、地点、经纬度信息、天气状况等，拍照片，对被测对象的特征信息，如辐射体类型、发射频率范围、发射机功率、天线增益、天线架设高度等信息。了解周围环境，是否存在可能干扰检测的影响因素，确定敏感目标。

　　制定检测计划：根据现场实际情况，以及实验检测要求等因素，制定出检测方案和现场检测布点方案，对预期的现场检测实验制定前期计划。

8.7.3　仪器的具体操作规程

（1）设备基本构造

设备基本构造如图 8-2 所示。

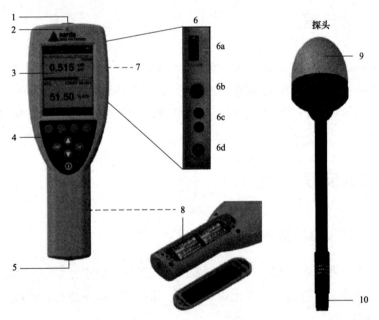

图 8-2　设备基本构造图

1. 探头连接接口；2. 听筒；3. 显示区域；4. 操作区域；5. 三脚架固定口；6. 充电和光缆接口；

6a. 多功能接口：USB、GPS、外界触发器；6b. 耳机接口；6c. 光纤接口；6d. 直流充电接口；

7. 三脚架固定口（主机背面）；8. 电池盒（主机背面）；电池盒（主机背面）；

9. 探头信号接收部分；10. 探头连接杆。

● 功能键

屏幕对应功能选择

ESC 键

退出菜单、返回上次操作界面

OK 键

打开功能菜单或确认选择

▲
▼ 上下键

选择设置、锁定键盘、改变设定值

⊙ 设备开关按钮

设备开关切换

Charge 充电指示

表示充电状态（红色：快速充电；绿色：缓慢充电）

Status 操作状态

表示操作状态：

绿色：正常操作

红色：远程操作

红色闪烁：固件更新或超限制报警

（2）仪器安装

连接探头：将探头上的红点与主机探头接口处的红点对准。将探头插入主机的探头接口，将外部的套筒套紧。切勿使用其他工具进行此步操作，否则有可能会损坏探头。

拔出探头：轻轻向外提出探头套筒，之后将探头拔出即可。

（3）开机自检：按下 ON/OFF 按钮开机，设备会有 20 s 左右自检时间。开机自检界面如图 8-3 所示。

（4）基本设置

当自检完成后，设备进入检测界面。

语言选择：通过设置选择操作界面的语言，打开语言选择功能（MAIN/measurement settings）；使用上下箭头按钮选择需要的语言，按下"OK"按钮确定。

设定自动回零：回零功能用于温度漂移补偿。回零过程会持续 7 s，期间无法进行检测，上次的检测结果会保持。如果自动回零功能打开，间隔设定的时间，

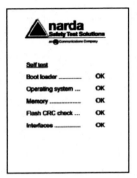

自检
✓ 自检过程会在屏幕上显示自检状态（左图）；
✓ 当自检完成并各项自检显示 OK，即可开始使用了；
✓ 如果显示自检错误：请关机并重启尝试；
✓ 如果自检任有错误：联系当地的代理商或售后服务中心；
✓ 探头必须定期进行校准，以保证所测数据的准确性。如果超过校准日期，自检完成后 NBM550 会提醒您需要对探头进行校准。

图 8-3　开机自检界面

设备将进行自动回零操作。可进行如下回零设置：6/15/30/60 分钟；OFF：关闭自动回零功能；默认的自动回零间隔为 15 分钟。

更改设置：1 打开自动回零功能（MAIN/measurement settings/Next/…）；2 使用上下箭头按钮选择设置，按下 OK 按钮确定。

手动进行回零操作：1. 打开 Main 菜单；2. 点击 Zero 功能键

设置显示单位：使用普通探头进行检测时，可设置检测结果的单位。快速响应探头的单位一般为%。%值与功率密度限制相关，而与实际场强值无关。另外，快速响应探头也可以显示内置标准中特定频率的功率密度。

设置单位格式：显示的单位可以设置为 2 种格式：

固定单位：W/m², mW/cm², V/m, A/m 固定不变

可变单位：根据检测值的大小来自动调整显示单位。

更改单位格式：1. 打开 Result Format 功能（MAIN/measurement settings/Next/…）；2. 使用上下箭头按钮选择设置，按下"OK"按钮确定。

设置日期时间：在使用仪器之前，需要设置仪器的时间和日期。当需要存储数据时，正确的时间十分重要，因为数据存储中，时间也会相应的保存。

8.7.4　射频电磁辐射污染源检测方法

（1）移动通信基站（2G\3G\4G）

信息收集：a）移动通信基站名称、编号、建设地点、运营单位、类型；

b）发射机型号、发射频率范围、标称功率、实际发射功率；c）天线数目、天线型号、天线载频数、天线增益、天线极化方式、天线架设方式、钢塔桅类型（钢塔架、拉线塔、单管塔等）、天线离地高度、天线方向角、天线俯仰角等参数。

检测时间： 在移动通信基站正常工作时间内进行检测。每个检测点位连续测量 5 次，每次检测时间不小于 15 s，并读取稳定状态下的最大值。若检测读数起伏较大时，适当延长检测时间。

检测高度： 检测仪器探头（天线）距离（或立足平面）地面 1.7 m，在检测时，探头与操作人员躯干之间距离不小于 0.5 m。

检测的距离范围： 检测点位一般布设在以发射天线为中心半径 50 m 的范围内可能受到影响的保护目标，根据现场环境情况可对点位进行适当调整。

检测指标： 电场强度（V/m）

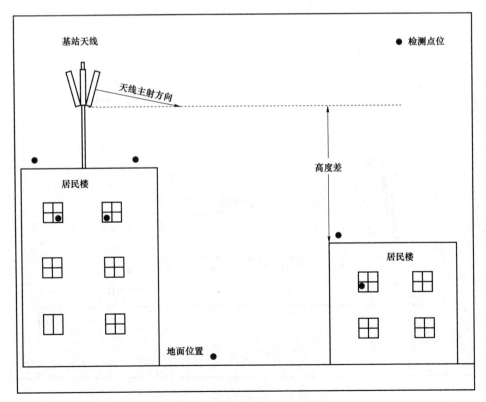

图 8-4 楼顶基站布点示意图

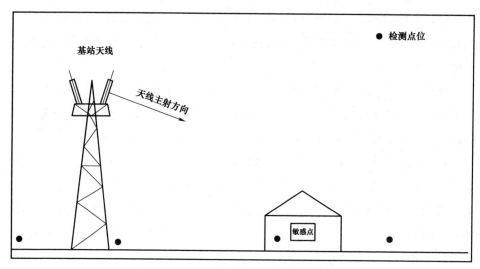

图 8-5 落地铁塔基站布点示意图

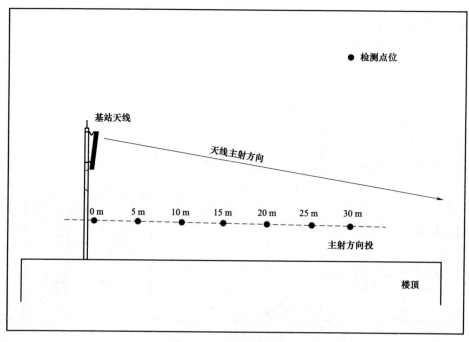

图 8-6 断面布点示意图

布点方法：a）具体点位优先布设在公众可能到达的距离天线最近处，也可根据不同目的选择检测点位。移动通信基站发射天线为定向天线时，则检测点位的布设原则上设在天线主瓣方向内；b）室内检测点位一般选取房间中央位置，点位与家用电器等设备之间距离不少于 1 m。在窗口（阳台）位置检测，探头（天线）尖端应在窗框（阳台）界面以内；c）对于发射天线架设在楼顶的基站，在楼顶公众可能活动的范围内布设检测点位；d）当需要了解射频电场强度随距离的变化趋势时，可进行断面检测。

记录：a）移动通信基站信息的记录。记录移动通信基站名称、编号、建设单位、地理位置（详细地址或经纬度）、移动通信基站类型、发射频率范围、天线离地高度、钢塔桅类型（钢塔架、拉线塔、单管塔等）等参数；b）检测条件的记录。记录环境温度、相对湿度、天气状况；记录检测开始结束时间、实验人员、检测仪器；c）检测结果的记录。记录以移动通信基站发射天线为中心半径 50 m 范围内的检测点位示意图，标注移动通信基站和其他电磁发射源的位置；记录检测点位具体名称和检测数据；记录检测点位与移动通信基站发射天线的水平距离。

（2）雷达

信息收集：a）雷达名称、建设地点、运营单位、类型。b）工作频率范围、峰值功率、平均发射功率、天线增益。c）天线架设高度、扫描方位角、扫描俯仰角。

检测时间：在雷达正常工作时间内进行检测。每个检测点位连续测量 5 次，每次检测时间不小于 15 s，并读取稳定状态下的最大值。若检测读数起伏较大时，适当延长检测时间。

检测高度：检测仪器探头（天线）距离（或立足平面）地面 1.7 m，在检测时，探头与操作人员躯干之间距离不小于 0.5 m。

检测的距离范围：对功率大于 100 kW 的发射设备，以发射天线为中心、半径为 1 km 范围内选择检测位置。对功率小于或等于 100 kW 的发射设备时，半径为 500 m 范围内选择检测位置。

检测指标：电场强度（V/m）

布点方法：a）评价范围内的居民住宅等敏感点；b）气象雷达的布点，选取条件较好的一个断面,在地面布设一条测量线。100 m 内以 20 m 为间距,

100～400 m 内以 50 m 为间距，400 m 以外以 100 m 为间距，直至到达背景水平。

图 8-7　气象雷达检测布点示意图

（3）电视塔

信息收集：a）电视塔名称、建设地点、运营单位；b）发射机型号、工作频率范围、实际发射功率；c）天线类型、天线增益、天线离地高度。

检测时间：在电视塔正常工作时间内进行检测。每个测量点位连续测量 5 次，每次检测时间不小于 15 s，并读取稳定状态下的最大值。若检测读数起伏较大时，适当延长检测时间。

检测高度：检测仪器探头（天线）距离（或立足平面）地面 1.7 m，在检测时，探头与操作人员躯干之间距离不小于 0.5 m。

检测的距离范围：对功率大于 100 kW 的发射设备，以发射天线为中心、半径为 1 km 范围内选择检测位置。对功率小于或等于 100 kW 的发射设备时，半径为 500 m 范围内选择检测位置。检测范围根据实际情况确定，通常测至到达背景水平。

检测指标：电场强度（V/m）

布点方法（图8-8）

图 8-8　电视塔检测布点示意图

（4）一般环境射频综合场强检测方法

1. 检测时间

每个检测点位连续测 5 次，每次检测时间不应小于 15 s，并读取稳定状态的最大值。若检测读数起伏较大时，应适当延长检测时间。

2. 检测高度

取离地面 1.7 m 高度。也可根据不同目的，选择测量高度。

3. 检测时段

基本检测时间为 5:00—9:00，11:00—14:00，18:00—23:00 城市环境电磁辐射的高峰期。

若 24 h 昼夜连续检测，昼夜检测次数不应少于 10 个，间隔 1 h 检测 1 次，每次检测连续测量 5 次，每次检测观察时间不应小于 15 s，若读数跳变过大，应适当延长观察时间。

4. 检测指标

电场强度（V/m）

5. 布点方法

对整个城市电磁辐射测量时，根据城市测绘地图，将全区划分为 1 km×1 km 或 2 km×2 km 小方格，取方格中心为检测位置，以绵阳为例，见图 8-9。

按上述方法在测绘地图上布点后，应对实际检测点位进行考察。考虑地形地物影响，实际测点应避开高层建筑物、树木、高压线以及金属结构等，尽量选择空旷地方进行检测。允许对规定检测点位进行调整，检测点位调整最大为方格边长的 1/4，对特殊地区方格允许不进行检测。需要对高层建筑检测时，应在各层阳台或室内选点进行检测（图 8-9）。

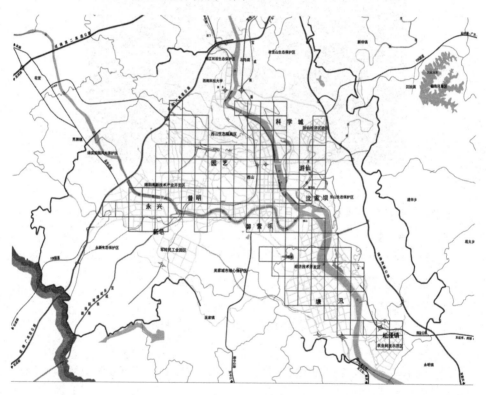

图 8-9　一般环境检测布点方格图

8.7.5　检测结束

（1）关闭仪器：先关闭仪器主机（操作见规程），再取下探头，设备轻拿轻放，清点设备数量，避免遗留在现场；

（2）整理资料：整理数据记录表、检测布点示意图等资料，确保资料齐全。

8.7.6　检测记录

将检测数据记录于原始数据记录表中，并记录检测方法依据、检测地点、检测人员、被测辐射体基本信息（类型、发射频率范围、发射机功率、天线增益、天线架设高度）、气象条件（天气、温度、湿度）、检测仪器信息（设备名称、型号、检定有效日期）等信息。

8.7.7　数据处理

所有点位的数据通过算术平均取其 5 个数据的平均值为该点位的有效检测值。因该数据代表的是稳态电场的强度，同一个点位的 5 个数据代表的是同一个点位的不同时间段的样本，因此使用标准偏差计算公示如下：

$$\sigma(r) = \sqrt{\frac{1}{N}\sum_{i=1}^{N}(x_i - r)^2} \tag{8.1}$$

$$S = \sqrt{\frac{\sum(X_i - \bar{X})^2}{n-1}} \tag{8.2}$$

在使用 Excel 对数据进行统计处理时，可使用 STDEV（XXX：XXX）公式对所有点位的 5 个测量数据的算术平均值的标准公差进行自动计算。

8.7.8　质量保证

仪器每年经过计量检定合格；检测布点应具充分代表性；经常进行比对验证；正确方法处理数据。

（1）A 类评定不确定度

检测同一点位的电场强度 5 次，获得 5 个瞬时值 x_i，计算方差 $S(x_i)$，不确定度 $U_{r1} = [S(x_n)/5]^{1/2}$。

（2）B 类评定不确定度

B 类评定不确定度主要考虑 5 个要素组成：仪器分辨率不确定度、探头频响平坦度不确定度、探头出厂校准不确定度、各向同性不确定度及温度引起的不确定度。

① 仪器分辨率不确定度

仪器的误差引起的标准不确定度为 U_{r2}，$U_{r2} = 0.29 \times$ 仪器分辨率。

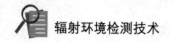辐射环境检测技术

② 探头频响平坦度不确定度

频响平坦度标准不确定度为 U_{r3}，根据仪器说明书，探头在不同频段的频响标准不确定度见表 8-2：

表 8-2　探头频响平坦度标准不确定度表

频段	不确定度范围	概率分布	标准不确定度
1 MHz～1 GHz	±1 dB	矩形	0.58 dB
1 GHz～2.45 GHz	±1.25 dB	矩形	0.72 dB

③ 探头出厂校准标准不确定度

探头出厂校准标准不确定度为 U_{r4}，根据仪器说明书，探头在不同频段的校准标准不确定度见表 8-3。

表 8-3　探头出厂校准标准不确定度表

频段	不确定度范围	概率分布	标准不确定度
<400 MHz	±1 dB	矩形	0.58 dB
400 MHz～1.8 GHz	±1.25 dB	矩形	0.72 dB
≥1.8 GHz	±1 dB	矩形	0.58 dB

④ 探头各向同性标准不确定度

探头各向同性标准不确定度为 U_{r5}，根据仪器说明书，各向同性标准不确定度为：

表 8-4　探头各向同性标准不确定度表

不确定度范围	概率分布	标准不确定度
±1 dB	矩形	0.58 dB

⑤ 温度引起的标准不确定度

温度引起的标准不确定度为 U_{r6}，根据仪器说明书，各向同性标准不确定度为：

表 8-5　探头温度标准不确定度表

不确定度范围	概率分布	标准不确定度
±0.05 dB	矩形	0.029 dB

⑥ 计算合成不确定度

$$U_{rc}(y) = [\Sigma u_{ri}{}^2(y)]^{1/2}$$
$$i = 1,2,3,4,5,6$$

⑦ 计算扩展不确定度

$$U = ku_{rc}(y)；\quad k \text{ 取 } 2$$

8.8　出具结果报告

根据检测数据编制结果报告，并依据国家限值标准对检测结果作评价。结果报告格式见实验案例。

8.9　注意事项

8.9.1　检测过程注意事项

（1）避免静电荷影响检测

在使用所有场强计时，如果在检测时，快速移动探头，监测结果会不准确。这是由静电荷造成的。NBM550 在设计时考虑到了这种影响并将这种影响做到最小化。但是，如果快速移动探头，移动轨迹上的场强在采样周期内只有少部分可以被检测到。在检测时，稳定的握住仪器。在使用最大（Max），平均（Average）或最大值平均（Max Average）结果显示类型前，按下清除键（Clear）将之前的数据清零。检测时，任何时候不要接触磁探头。

（2）避免温度变化影响检测

外部温度的变化或太阳直晒造成的探头温度上升，会造成检测结果的漂移。仪器内部的自动归零功能，只可以消除仪器内部的漂移，而无法消除由于探头引起的漂移。特别对于热电偶探头来说，温度变化对于数据的影响很大，除非达到一定的恒定温度。否则使用热电偶探头时，应避免在太阳直射的情况下检测。如果检测环境温度变化非常大，为了保证检测数据的准确性，应适当增加预热时间（一般为 15 分钟）。

（3）避免低频场强影响检测

在检测高频电场时，低频的场强会对显示结果造成影响。宽带探头会检测

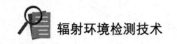

所有的场强信号，即使信号频率在探头检测范围之外（超出部分会以 20 dB/十倍进行衰减）。例如：100 kHz 到 3 GHz 的探头，在进行检测时，100 Hz 的场强信号还是会进入探头，但是会衰减 60 dB（100 kHz÷100 Hz＝1 000，1 000 为 3 个 10 倍，故衰减 20 dB×3＝60 dB）。这时，非常强的低频场强衰减不充分的话，会对检测结果产生影响。在检测之前，对于所检测的环境进行评估，对于信号源（如高压线）充分了解。关注检测环境的背景值，以便做检测数据修正。离低频信号源较远的距离进行检测。

8.9.2　实验安全及环境保护注意事项

（1）至少 2 名检测人员同行进入检测现场。

（2）当发生异常或危险情况时，检测人员首先保证人员、仪器设备安全，停止检测工作。

（3）进入高压场所，严格遵守安全制度要求，佩戴安全帽，跟随引导员在规定的区域开展检测活动，不随意触碰金属部件，防止触电。

（4）靠近水体检测，应穿戴救生衣，在确认人员和设备安全的情况下，进行现场检测。

（5）检测过程中产生的垃圾不要随意丢弃，应丢到指定的地点，避免污染环境。

8.10　实验案例

本实验指导书以西南科技大学校内一个移动通信基站检测作为案例进行介绍。

8.10.1　实验准备阶段

（1）环境条件

检测当天无雨、无雪、无雾，通过温湿度测量仪检测环境相对湿度为 65%，未超过 80%，可以开展检测实验。

（2）设备准备

实验设备包含 NBM550 主机、EF0691 探头、Trupulse200 测距仪、Kestrel4500 温湿度计，设备在检定有效期内，电量充足，检查仪器外观和功能，均未见异常。

（3）信息搜集

检测人员通过观察、现场检测以及向中国铁塔股份有限公司绵阳市分公司咨询，获取辐射体基本信息、环境信息、敏感点信息，记录在射频综合电场强度检测记录表中。

（4）制定检测方案

根据现场实际情况，以及实验检测要求制定出检测方案。

8.10.2 现场检测

本次以落地铁塔式移动通信基站周围电磁环境为检测实例，检测区域为以基站为中心，周围 50 m 范围内，检测天线正下方，天线主瓣方向和敏感点的电场强度，检测过程要求及注意事项如图 8-10 所示。

图 8-10　现场检测图
（a）基站全景；（b）检测温度、湿度；（c）仪器设备清点、检查；（d）天线正下方布点检测；
（e）检测过程注意事项；（f）检测过程注意事项；（g）测量天线架设高度、测点水平距离

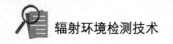

8.10.3 现场检测记录表

<h3 style="text-align:center">射频综合电场强度检测记录表（移动通信基站）</h3>

共2页　第1页

基站名称：<u>西南科技大学</u>　建设地点（经纬度）：<u>西南科技大学后山 E104.69460⁰, N31.54136⁰</u>

运营单位：<u>中国移动</u>　基站制式/频率：<u>TD-LET2575-2595 MHz；GSM1710-1785 MHz</u>

标称功率：<u>TD-LET2W，GSM20W</u>　实际发射功率：<u>TD-LET2W，GSM20W</u>

天线增益：<u>TD-LET20.5dBi，GSM15.5dBi</u>　天线架设方式：<u>落地铁塔</u>

天线离地高度：<u>TD-SCDMA36.7，GSM39.7m</u>　天线数目：<u>6</u>

仪器名称及型号：<u>电磁场测量仪 NBM550/EF0691</u>

检定□/校准☑　有效期：<u>2023.5.29</u>　检测时段：<u>2022 年 11 月 7 日 15 时 10 分—15 时 58 分</u>

环境温度：<u>18.7～19.1 ℃</u>　环境湿度：<u>70.5%～71.3%</u>　其他环境状况：<u>阴</u>

检测方法依据：<u>《辐射环境保护管理导则-电磁辐射监测仪器和方法》HJ/T 10.2-1996</u>

点位编号	点位名称	测量距离 m	测量高度 m	测量频率 /MHz	读数/（V/m）					平均值 E	标准差 S
					1	2	3	4	5		
1	基站正下方	0	1.7	0.1～6 000	1.36	1.28	1.24	1.43	1.52	1.37	0.11
2	基站西南侧道路	38	1.7	0.1～6 000	1.72	1.84	1.76	1.69	1.97	1.80	0.11
3	实践基地楼旁（基站北侧）	25	1.7	0.1～6 000	1.64	1.78	1.69	1.82	1.59	1.70	0.10
4	实践基地楼2楼实验室	19	4.7	0.1～6 000	1.46	1.32	1.55	1.49	1.35	1.43	0.10
5	基站东南侧果林	35	1.7	0.1～6 000	1.86	1.79	2.01	2.16	1.76	1.92	0.17
	（以下空白）										
备注											

检测计算：陈小江　　　　　　复核：陈遥

实验负责人：谢华　　　　　　日期：2022 年 11 月 7 日

8.10.4　检测结果报告

检　测　报　告

报告编号：FHJC2022008 号

项目名称：<u>　移动通信基站周围射频综合电场强度检测　</u>

委托方：<u>　西南科技大学国防科技学院教材编制委员会　</u>

检测类别：<u>　　　　　　委托检测　　　　　　</u>

报告日期：<u>　　　　年　　月　　日　　　　</u>

（盖　章）

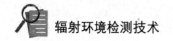

一、检测内容

根据射频综合电场强度检测实验要求，实验人员陈小江、陈遥在指导老师谢华的指导下，于 2022 年 11 月 7 日对"西南科技大学"1 个移动通信基站周围环境进行射频综合电场强度检测。

二、检测项目

射频综合电场强度

检测相关情况见表 8-6。

表 8-6   检测相关情况

<table>
<tr><td rowspan="2">检测
仪器</td><td>仪器名称及型号</td><td>检出限</td><td>检定（/校准）
有效期</td><td>检定（/校准）
证书号</td><td>检定
（/校准）单位</td></tr>
<tr><td>电磁场测量仪
NBM550/EF069</td><td>0.20 v/m</td><td>2023.5.29</td><td>校准字第
202205008730 号</td><td>中国测试技术
研究院</td></tr>
<tr><td>检测
对象
参数</td><td colspan="5">基站名称：西南科技大学；建设地点（经纬度）：西南科技大学后山 E104.694600，N31.541360；运营商：中国移动；基站制式/频率：TD-LET2575-2595 MHz、GSM1710-1785 MHz；标称功率：TD-LET2W，GSM20W；实际发射功率：TD-LET2W，GSM20W 天线增益：TD-LET20.5dBi，GSM15.5dBi；天线架设方式：落地铁塔；天线离地高度：TD-SCDMA36.7，GSM39.7m；天线数目：6</td></tr>
<tr><td>检测
环境</td><td colspan="5">环境温度：18.7～19 ℃；环境湿度：70.5%～71.3%；天气：阴。</td></tr>
<tr><td>评价
标准</td><td colspan="5">《电磁环境控制限值》（GB 8702-2014）</td></tr>
<tr><td>点位
说明</td><td colspan="5">"测量高度"指检测点与所在建筑物地面的相对高度，楼层按 3 m 计；</td></tr>
</table>

三、检测方法及方法来源

本次检测项目的检测方法及方法来源见表 8-7。

表 8-7   检测方法及方法来源

项目	检测方法	方法来源
射频综合电场强度	《辐射环境保护管理导则·电磁辐射监测仪器和方法》	HJ/T 10.2-1996

四、检测结果及结论

1. 检测结果说明

各点位检测结果见表 8-8。

表 8-8   电磁环境现状检测数据表

点位 编号	检测点位置	测量距离 /m	测量高度 /m	测量数据 （V/m）	限值 （V/m）
1	基站正下方	0	1.7	1.37	12
2	基站西南侧道路	38	1.7	1.80	12

续表

点位编号	检测点位置	测量距离/m	测量高度/m	测量数据（V/m）	限值（V/m）
3	实践基地楼旁（基站北侧）	25	1.7	1.70	12
4	实践基地楼2楼实验室	19	4.7	1.43	12
5	基站东南侧果林	35	1.7	1.92	12

2. 检测结论

本次检测点位的射频综合电场强度检测值为 1.37 V/m～1.92 V/m，均低于中华人民共和国国家标准《电磁环境控制限值》（GB 8702-2014）中规定的 12 V/m 的公众暴露控制限值。

点位如图 8-11 所示。

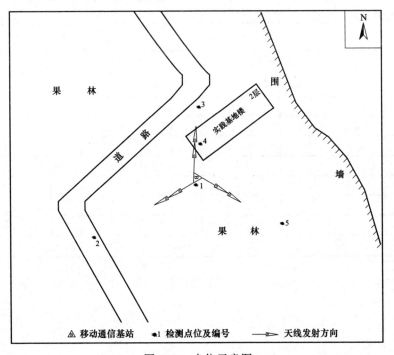

图 8-11 点位示意图

（以下空白）

报告编制：陈小江　　　　　　报告复核：陈遥

实验负责人：谢华　　　　　　日期：2022 年 11 月 7 日

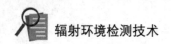

8.11 射频综合电场强度检测记录表

8.11.1 射频综合电场强度检测记录表（移动通信基站）

共 页 第 页

基站名称：建设地点（经纬度）：_____

运营单位：_____ 基站制式/频率：_____

标称功率：_____ 实际发射功率：_____

天线增益：天线架设方式：_____ 天线离地高度：_____ 天线数目：____

仪器名称及型号：_____ 检定□/校准□有效期：_____ 检测时段：_____

检测方法依据：_____

环境温度：_____ 环境湿度：_____ 其他环境状况：_____

点位编号	点位名称	测量距离/m	测量高度/m	测量频率/MHz	读数（单位：）					平均值 E	标准差 S
					1	2	3	4	5		
备注											

检测计算：　　　　复核：　　　实验负责人：　　　　　日期：　　年　月　日

8.11.2　射频综合电场强度检测记录表（雷达）

共　页　第　页

雷达名称：建设地点（经纬度）：＿＿＿＿＿＿＿＿＿＿＿＿＿＿＿＿＿＿

运营单位：＿＿＿＿＿＿　　工作频率：＿＿＿＿＿＿＿＿＿　　峰值功率：＿＿＿＿＿＿

平均发射功率：＿＿＿＿　天线增益：天线架设高度：＿＿＿＿＿　仪器名称及型号：＿＿＿＿

检测方法依据：＿＿＿＿＿＿＿＿＿＿＿＿＿＿＿＿＿＿＿

检定□/校准□有效期：＿＿＿＿＿＿＿＿＿＿＿＿　　检测时段：＿＿＿＿　环境温度：＿＿＿

环境湿度：＿＿＿＿＿＿　　其他环境状况：＿＿＿＿＿＿＿＿＿＿＿

点位编号	点位名称	测量距离/m	测量高度/m	测量频率/MHz	读数（单位：）					平均值 E	标准差 S
					1	2	3	4	5		
备注											

检测计算：　　　　复核：　　　　实验负责人：　　　　日期：年　月　日

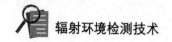

8.11.3　射频综合电场强度检测记录表（电视塔）

共　页　第　页

电视塔名称：_____　建设地点（经纬度）：_____

运营单位：_____　发射机型号：_____　工作频率：_____

实际发射功率：_____　天线增益：_____　天线类型：_____　天线离地高度：_____

仪器名称及型号：_____　检定□/校准□有效期：_____　检测时段：_____

检测方法依据：_____

环境温度：_____　环境湿度：_____　其他环境状况：_____

点位编号	点位名称	测量距离/m	测量高度/m	测量频率/MHz	读数（单位：）					平均值 E	标准差 S
					1	2	3	4	5		
备注											

检测计算：　　　复核：　　　实验负责人：　　　日期：　　年　月　日

8.11.4　现场测量布点图

项目名称：　　　　　　　　　　　　　　　　　　　　　　　　　　　共　页　第　页

制图：　　　　　　　　　　　　　　制图时间：　　　　　　　　　　　校核：

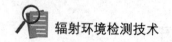

8.12　名词解释

电磁环境敏感目标： 电磁环境影响评价需重点关注的对象。包括住宅、学校、医院、办公楼、工厂等有公众居住、工作或学习的建筑物。

电磁辐射： 变化的电场和磁场互相激励并向空间传播，产生电磁波，能量以电磁波的形式由辐射源发射到空间的现象，叫作电磁辐射。广义上电磁辐射一般包括电离辐射和非电离辐射，非电离辐射是指不能使物质原子或分子产生电离的辐射，这类辐射具有低频量和低能量的特征，如紫外线、红外线、激光、微波都属于非电离辐射，通常所说的电磁辐射就属于非电离辐射。

天线增益： 在输入功率相等的条件下，实际天线与理想的辐射单元在空间同一点处所产生的信号的功率密度之比，它定量地描述一个天线把输入功率集中辐射的程度，即能量放大倍数。

功率密度： 标量场量 S，为穿过与电磁波的能量传播方向垂直的面元的功率除以该面元的面积的值，单位为 W/m^2、mW/cm^2。

8.13　思考与拓展

1. 电磁辐射的来源？
2. 电磁辐射对人体健康的影响主要有哪些方面，日常工作和生活中需要注意什么？

参考文献

［1］ HJ 61—2021. 辐射环境监测技术规范［S］. 北京：生态环境部，2021.

［2］ HJ 1157—2021. 环境辐射剂量率测量技术规范［S］. 北京：生态环境部，
     2021.

［3］ GB/T 14056.1—2008. 表面污染测定第 1 部分：β 发射体（Eβmax ＞
     0. 15MeV）和 α 发射体［S］. 北京：生态环境部，2008.

［4］ HJ 1212—2021. 环境空气中氡的测量方法［S］北京：生态环境部，2021.

［5］ GB 50325—2020. 民用建筑工程室内环境污染控制标准［S］. 北京：中华
     人民共和国住房和城乡建设部&国家市场监督管理总局，2020.

［6］ HJ 898—2017. 水质总 α 放射性的测定厚源法［S］. 北京：生态环境部，
     2017.

［7］ HJ 899—2017. 水质总 β 放射性的测定 厚源法［S］. 北京：生态环境部，
     2017.

［8］ HJ 493—2009. 水质样品的保存和管理技术规定［S］. 北京：生态环境部，
     2009.

［9］ HJ 494—2009. 水质 采样技术指导［S］. 北京：生态环境部，2009.

［10］ HJ 495—2009. 水质 采样方案设计技术规定［S］. 北京：生态环境部，
      2009.

［11］ GB/T 14318—2019. 辐射防护仪器中子周围剂量当量（率）仪［S］. 北京：
      国家市场监督管理总局&中国国家标准化管理委员会，2019.

［12］ GB 8702—2014. 电磁环境控制限值［S］. 北京：生态环境部&国家质量
      监督检验检疫总局，2014.

［13］ HJ/T24—2014. 环境影响评价技术导则输变电工程［S］. 北京：生态环境
      部，2014.

［14］ HJ 681—2013. 交流输变电工程电磁环境监测方法（试行）［S］. 北京：
      生态环境部，2013.

［15］ DL/T 988—2005. 高压交流架空送电线路、变电站工频电场和磁场测量方
      法 ［S］. 北京：中华人民共和国国家发展和改革委员会，2005.

［16］ HJ 972—2018. 移动通信基站电磁辐射环境监测方法［S］. 北京：生态环境部，2018.

［17］ HJ 1136—2020. 中波广播发射台电磁辐射环境监测方法［S］. 北京：生态环境部，2020.

［18］ HJ/T 10.2—1996. 辐射环境保护管理导则电磁辐射监测仪器和方法［S］. 北京：生态环境部，1996.

［19］ HJ/T 10.3—1996. 辐射环境保护管理导则——电磁辐射环境影响评价方法与标准［S］. 北京：生态环境部，1996.

［20］ GB/T 11713—2015. 高纯锗γ能谱分析通用方法［S］. 北京：中华人民共和国国家质量监督检验检疫总局&中国国家标准化管理委员会，2015.

［21］ HJ 11149—2020. 环境空气气溶胶中γ放射性核素的测定滤膜压片/γ能谱［S］. 北京：生态环境部，2020.

［22］ GB/T 11743—2013. 土壤中放射性核素的γ能谱分析方法［S］. 北京：中华人民共和国国家质量监督检验检疫总局&中国国家标准化管理委员会，2013.

［23］ GB/T 16140—2018. 水中放射性核素的γ能谱分析方法［S］. 北京：中华人民共和国国家质量监督检验检疫总局&中国国家标准化管理委员会，2018.

［24］ GB/T 16145—2020. 生物样品中放射性核素的γ能谱分析方法［S］北京：国家市场监督管理总局&中国国家标准化管理委员会，2020.

［25］ 潘自强. 电离辐射环境监测与评价［M］. 北京：原子能出版社. 2007.